能源与电力分析年度报告系列

2021
中国节能节电
分析报告

国网能源研究院有限公司　编著

中国电力出版社
CHINA ELECTRIC POWER PRESS

内 容 提 要

《中国节能节电分析报告》是能源与电力分析年度报告系列之一，主要对国家出台的节能节电相关政策法规及先进节能节电技术措施进行系统梳理和分析，并测算能源全链条、全环节、全社会节能节电成效及降碳量，为准确把握我国节能减排形势、合理制定相关政策措施提供决策参考和依据。

本报告对我国 2020 年节能节电面临的新形势、出台的政策措施、先进的技术实践以及全社会节能节电成效进行深入分析和总结，并重点分析工业制造业、建筑、交通运输、农业等领域及能源电力生产、转换、传输环节的能源电力消费情况、能耗电耗指标变动情况及节能节电成效和降碳量。

本报告具有综述性、实践性、趋势性、文献性等特点，内容涉及能源消费分析、能源效率分析、节能节电分析等不同专业，覆盖生产端到消费端的全链条、全环节，适合能源企业、高校、科研机构、政府及投资机构从业者参考使用。

图书在版编目（CIP）数据

中国节能节电分析报告. 2021/国网能源研究院有限公司编著 . —北京：中国电力出版社，2021.12
（能源与电力分析年度报告系列）
ISBN 978 - 7 - 5198 - 6242 - 8

Ⅰ. ①中⋯　Ⅱ. ①国⋯　Ⅲ. ①节能—研究报告—中国—2021　②节电—研究报告—中国—2021　Ⅳ. ①TK01

中国版本图书馆 CIP 数据核字（2021）第 238716 号

出版发行：中国电力出版社
地　　址：北京市东城区北京站西街 19 号（邮政编码 100005）
网　　址：http：//www.cepp.sgcc.com.cn
责任编辑：刘汝青（010-63412382）　娄雪芳
责任校对：黄　蓓　李　楠
装帧设计：赵姗姗
责任印制：吴　迪

印　　刷：北京瑞禾彩色印刷有限公司
版　　次：2021 年 12 月第一版
印　　次：2021 年 12 月北京第一次印刷
开　　本：787 毫米×1092 毫米　16 开本
印　　张：12.5
字　　数：169 千字
印　　数：0001—2000 册
定　　价：88.00 元

2020 年 9 月 22 日，习近平总书记在第七十五届联合国大会上庄严承诺，中国将采取更加有力的政策和措施，二氧化碳排放力争于 2030 年前达到峰值，努力争取 2060 年前实现碳中和。随后，党中央、国务院对实现碳达峰碳中和（简称"双碳"）目标进行了一系列部署，成立了工作领导小组，并积极构建"1＋N"政策体系，加快制定"双碳"时间表、路线图、施工图，大大加快了我国能源绿色低碳转型的步伐。《关于完整准确全面贯彻新发展理念 做好碳达峰碳中和工作的意见》《2030 年前碳达峰行动方案》等文件对节能降碳工作做了系统谋划，提出了"要把节约能源资源放在首位，实行全面节约战略，持续降低单位产出能源资源消耗和碳排放，实施节能降碳增效行动"。近年来，我国积极实施能源消费总量和能耗强度双控制度，能源效率不断提升，用能结构持续优化。在上述政策机制的推动下，未来我国能源利用效率仍有较大提升空间。

《中国节能节电分析报告》是国网能源研究院有限公司推出的"能源与电力分析年度报告系列"之一。报告紧密跟踪全社会及重点行业节能节电工作进展，深入开展节能节电成效分析、政策与措施分析，可以为科研单位、节能服务企业等提供有价值的参考信息。自 2010 年以来每年连续出版，今年的版本较以往有诸多创新：一是加强方法研究，完善了全社会能效和碳排放分析方法论；二是拓宽研究领域，将工业领域细分为工业制造业和电力生产、煤炭开采与洗选、油气开采等能源电力生产、转换、传输环节，并在重点终端能源消费领域的基础上增加了农业领域，从而拓展到能源全链条全环节；三是加大研究深度，针对重点、焦点问题进行专题研究，并开展"双碳"目标下能效提升对降碳作用的分析。

各部分主要内容如下：概述综述了2020年我国节能节电工作总体情况、"十三五"期间我国能效提升工作成效，以及"十四五"能效工作的展望；节能篇主要从我国能源消费情况，能源生产、转换、传输环节，以及工业制造业、建筑、交通运输、农业等终端用能领域的节能工作进展等方面对全社会节能成效进行分析；节电篇主要从我国电力消费情况，电力生产、转换、传输环节，以及工业制造业、建筑、交通运输、农业等终端用电领域的节电工作进展等方面对全社会节电成效进行分析；专题篇共设置了面向"双碳"目标的我国能效提升主要措施、"十三五"我国节能成效及"十四五"节能展望、用能权交易与能效等3个专题。此外，本报告在附录中摘录了部分能源电力数据、节能减排政策、能效及能耗限额标准等。

本报告概述由张玉琢、吴鹏主笔；全社会能源电力消费、效率及降碳章节由张玉琢、张煜主笔；能源电力生产、转换、传输环节节能节电章节由吴鹏、贾跃龙主笔；工业制造业节能节电章节由段金辉、刘小聪、徐朝、吴陈锐主笔；建筑节能节电章节由唐伟主笔；交通运输节能节电章节由王成洁主笔；农业节能节电章节由谭清坤主笔；专题篇由吴鹏、霍沫霖、张玉琢、马捷主笔；附录由张玉琢、马捷主笔。全书由张玉琢统稿，吴鹏、郑海峰校核。

中国钢铁工业协会、中国有色金属工业协会、中国石油和化工联合会、中国建筑材料联合会、国家发展和改革委员会能源研究所、中国建筑科学研究院有限公司等单位的专家提供了部分基础材料和数据，并对报告内容给予了悉心指导，在此一并表示衷心感谢！

限于作者水平，虽然对书稿进行了反复研究推敲，但难免仍会存在疏漏与不足之处，恳请读者谅解并批评指正！

编著者

2021 年 11 月

目 录
CONTENTS

节 电 篇

专 题 篇

概　　述

"十三五"以来，在"四个革命、一个合作"能源安全新战略指引下，我国积极贯彻落实资源节约和环境保护基本国策，全面实施能源消费总量和能耗强度双控制度，能源电力绿色低碳转型不断推进，能源利用效率水平不断提高。2020年，我国统筹推进新冠肺炎疫情防控和经济社会绿色发展，提出"双碳"目标，对节能降碳工作进行了系统部署，为深入开展能效提升工作指明了方向。

（一）2020年我国节能降碳政策机制不断强化，能效水平稳步提升

（1）受新冠肺炎疫情影响，全社会能效水平稳步提升，成效比上年有所减弱。

全社会单位GDP能耗略有下降，单位GDP电耗略有上升。2020年全社会一次能源消费量49.8亿tce，比上年增长2.2%；全社会单位GDP能耗为0.55tce/万元❶，比上年降低0.2个百分点。各部门合计实现技术节能量为4636万tce，占能源消费总量的0.93%，减少二氧化碳排放1.2亿t。全社会用电量达到75 214亿kW·h，比上年增长3.2%；受电能替代等电气化政策推动，全社会单位GDP电耗提升至824kW·h/万元❷，比上年提高0.7%。

部分工业产品单位能耗持续下降，工业领域仍是最大的节能部门。工业领域实现节能量为3092万tce，比上年减少32.5%，减少二氧化碳排放8477万t；实现节电量为969亿kW·h，比上年增加21.0%。其中，能源电力生产、转换、传输环节实现节能量、节电量分别为1462万tce、302亿kW·h；工业制造业主要产品单位能耗和电耗普遍持续下降，且单位电耗降幅较大。其中，钢、电石单位能耗分别下降1.4%、2.1%，单位电耗分别下降1.0%、9.7%；铜冶炼综合能耗为286kgce/t，较上年下降14.6%，远低于世界先进水平。

建筑领域节电量最大。建筑领域节能改造成效显著，通过提高建筑节能标准、实施既有居住建筑节能改造、推广可再生能源利用、推广绿色

---

❶ GDP按照2015年可比价计算。按照2020年现价计算，单位GDP能耗为0.49tce/万元。
❷ GDP按照2015年可比价计算。按照2020年现价计算，单位GDP电耗为739kW·h/万元。

节能照明和高效家电等节能节电措施，合计实现节能量为 2579 万 tce，实现节电量约 1390 亿 kW•h，减少二氧化碳 7000 万 t。

交通运输领域单位综合能耗和电耗均总体上升。受新冠肺炎疫情影响，公路、铁路、水运、航空上座率和货物满载率降低，导致单位换算周转量能耗升高。公路、铁路、水运、民航单位运输换算周转量能耗分别为 392、44.3、36.8、4649kgce/（万 t•km），比上年分别上升 2.1%、12.4%、2.5%、10.9%。电气化铁路单位运输周转量电耗约为 237.9kW•h/（万 t•km），比上年增加 0.03kW•h/（万 t•km）；轨道交通平均周转量电耗约为 1300kW•h/（万人•km），比上年增加 0.2kW•h/（万人•km）。

农业领域单位综合能耗下降，单位综合电耗上升。农业领域单位综合能耗比上年降低 7.1%，实现节能量约 166 万 tce，减少二氧化碳排放 312 万 t；单位综合电耗提高 14.2%。

（2）节能降碳政策陆续出台，机制体制不断完善。

碳达峰、碳中和目标为深化能效提升工作指明了方向。2020 年 9 月 22 日，习近平总书记在第七十五届联合国大会一般性辩论上庄严承诺，中国力争于 2030 年前二氧化碳排放达到峰值，努力争取 2060 年前实现碳中和。"双碳"战略是党中央经过深思熟虑做出的重大战略决策，是全球气候治理史上的里程碑，获得国际舆论的普遍赞誉，对全球应对气候变化工作意义重大。"双碳"工作将以经济社会发展全面绿色转型为引领，以能源绿色低碳发展为关键，加快形成节约资源和保护环境的产业结构、生产方式、生活方式、空间格局，将把节约能源资源放在首位，实行全面节约战略，倡导简约适度、绿色低碳的生活方式。

全国统一碳交易市场等配套机制进一步助力重点行业能效提升。"双碳"战略提出后，全国碳市场建设呈现了加速态势。2020 年 12 月，生态环境部正式出台了《碳排放权交易管理办法（试行）》，印发了《2019－2020 年全国碳排放权交易配额总量设定与分配实施方案（发电行业）》，公布了包括 2225 家发电企业和自备电厂在内的重点排放单位名单，正式启动全国碳市场第一个履约周期。碳交易提高了高耗能行业调整能源消费结构的积极性，通过减少化石能源消费和技术创新提升能源效率，进而减少二氧化碳排放。

多领域出台政策有力促进全社会节能提效。2020年4月，工业和信息化部等多部门联合发布《关于新能源汽车免征车辆购置税有关政策的公告》，提出"自2021年1月1日至2022年12月31日，对购置的新能源汽车免征车辆购置税"。2020年7月，住房和城乡建设部等多部门联合发布《关于印发绿色建筑创建行动方案的通知》，提出要开展公共建筑能效提升重点城市建设，推进公共建筑能耗统计、能源审计及能效公示；鼓励各地因地制宜推动超低能耗建筑、近零能耗建筑发展，推广可再生能源利用。

能效标准管理不断强化，夯实标准体系基础。2020年9月，国家能源局发布《关于加快能源领域新型标准体系建设的指导意见》，提出要积极支持有关部门制定涉及能源的环保、能效、单位产品能耗限额、工程建设等强制性标准；全面梳理能源行业执行的强制性标准，强化组织实施和监督。

（二）"十三五"期间我国持续推动能源生产和消费革命，能效提升取得较大成绩

全社会节能工作稳步推进，单位GDP能耗累计下降13.3个百分点。"十三五"期间，我国深入贯彻落实创新、协调、绿色、开放、共享的新发展理念，以《"十三五"节能减排综合工作方案》为指引，相继制定和出台了《"十三五"节能环保产业发展规划》《"十三五"全民节能行动计划》《建筑节能与绿色建筑发展"十三五"规划》《工业节能监察重点工作计划》《交通运输节能环保"十三五"发展规划》等一系列国家层面节能降碳政策，各地区同时发布了相应的"十三五"节能环保计划，在重点耗能行业全面推行能效对标，强化重点用能单位节能管理，各领域节能降耗工作成效显著。

工业领域累计实现节能3亿tce，对全社会节能贡献率最大，达54.8%。能源电力加工、转换、传输环节实现节能量1.1亿tce，工业制造业实现节能量

1.9 亿 tce。其中，黑色金属工业单位综合能耗累计下降 8.2%；有色金属工业单位综合能耗累计下降 6.3%，其中，电解铝、铜单位产品能耗分别下降 3.0%、21.7%；建筑材料工业单位综合能耗累计下降 28.7%，其中水泥、砖、卫生陶瓷、平板玻璃单位产品能耗分别下降 6.4%、6.1%、0.8%、10.6%；石油和化学工业单位综合能耗累计下降 5.3%，其中炼油、乙烯、合成氨、烧碱、纯碱、电石单位产品能耗分别下降 4.5%、5.7%、5.1%、5.8%、2.9%、7.5%。

建筑领域累计实现节能量 2.1 亿 tce，对全社会节能贡献率为 38.4%。一是不断提高建筑标准。在完成了我国新建建筑 30%、50%、65% 的节能标准三步走基础上，北方居住建筑节能 75% 的标准已经开启征程。截至 2020 年底，我国近零能耗建筑面积已达 1200 万 m²，近零能耗建筑累计竣工超过 1000 万 m²，认证项目超过 200 个，超额完成了"十三五"既定目标。二是大力实施既有建筑改造。"十三五"期间全国累计完成既有建筑节能改造面积超过 7 亿 m²，平均节能率超过 15%。三是积极发展绿色建筑，发布出台《绿色建筑创建行动方案》，绿色建筑进入全面、高速发展阶段。截至 2020 年底，全国累计绿色建筑面积达 66.45 亿 m²。

交通运输领域累计实现节能量 2668 万 tce，对全社会节能贡献率为 4.9%。交通运输领域单位综合能耗累计下降 16.0%，其中，公路、铁路、水运、民航单位周转率能耗累计降幅分别为 9.0%、5.1%、1.9% 和 9.8%；轨道交通平均周转量能耗、电气化铁路单位运输周转能耗累计分别下降 5.8% 和 0.8%。

农业领域累计实现节能量 1005 万 tce，对全社会节能贡献率为 1.9%。农业领域积极提升农业生产电气化水平，促进农业生产机械化及信息化转型，积极推广先进农业领域节能节电关键技术，单位综合能耗累计下降 10.3%。

（三）"双碳"政策体系将有力助推"十四五"期间我国能源效率的提升，节能降耗潜力巨大

国家层面政策体系不断完善，为我国持续提升能源利用效率提供有力保障。近日，中共中央国务院陆续发布了《关于完整准确全面贯彻新发展理念

做好碳达峰碳中和工作的意见》《2030 年前碳达峰行动方案》《完善能源消费强度和总量双控制度方案》等文件，为我国能效提升与节能工作做出了进一步规划，重点强调通过全面提升节能管理能力、实施节能降碳重点工程、推进重点用能设备节能增效、加强数据中心等新型基础设施节能降碳等措施，落实节约优先方针，完善能源消费强度和总量双控制度，严格控制能耗强度，合理控制能源消费总量，推动能源消费革命，建设能源节约型社会。

我国单位 GDP 能耗高于世界平均水平，节能降耗仍有巨大空间。当前，我国能源消费继续保持增长，占全球能源消费的比重约为 26.1%，且煤炭消费占比仍然较高，占全球煤炭消费总量的 54.3%。我国单位 GDP 能耗是世界平均水平的 1.7 倍，是 OECD 国家平均水平的 2.9 倍；我国单位 GDP 电耗是世界平均水平的 2.1 倍，是 OECD 国家的 3.1 倍❶。"双碳"目标下，我国需要充分发挥节能节电的源头把控作用，推动能效水平提升，形成有效的碳排放控制阀门。

技术节能、结构节能、管理节能将共同发力，持续推进"十四五"能效目标实现。2021 年 10 月，国家发展改革委等部门印发的《关于严格能效约束推动重点领域节能降碳的若干意见》明确提出：要加快重点领域节能降碳步伐，推动重点工业领域节能降碳和绿色转型，坚决遏制全国"两高"项目盲目发展；首批聚焦能源消耗占比较高、改造条件相对成熟、示范带动作用明显的钢铁、电解铝、水泥、平板玻璃、炼油、乙烯、合成氨、电石等重点行业和数据中心组织实施；到 2025 年，通过实施节能降碳行动，钢铁、电解铝、水泥、平板玻璃、炼油、乙烯、合成氨、电石等重点行业和数据中心达到标杆水平的产能比例超过 30%，行业整体能效水平明显提升，碳排放强度明显下降。经测算，预计"十四五"期间，农业、工业、建筑、交通运输领域单位 GDP 能耗将分别累计下降 16%、14%、12%、10%。其中，四大高耗能行业中仅有色金属工业降幅较小，黑色金属工业、建筑材料工业、石油和化学工业降幅均较大。

---

❶ 数据来源为国际能源署（IEA），GDP 为 2010 年不变价。

节能篇

1

全社会能源效率及节能降碳

◢ 章节要点

我国能源消费继续保持增长。2020 年，全国一次能源消费量 49.8 亿 tce，比上年增长 2.2%，增速比上年降低 1.1 个百分点，占全球能源消费的比重约为 26.1%。

一次能源消费结构中煤炭比重持续下降，能源结构不断优化。2020 年，我国煤炭消费量占一次能源消费量的 56.8%，比上年下降 0.9 个百分点；占全球煤炭消费总量的 54.3%，比上年上升 2.4 个百分点。非化石能源消费量占一次能源消费量的比重达到 15.9%，比上年提高 0.6 个百分点。

全社会单位 GDP 能耗略有下降。2020 年，全社会单位 GDP 能耗为 0.547tce/万元（2015 年可比价），比上年降低 0.2%。自 2015 年以来我国单位 GDP 能耗保持下降态势，但下降幅度逐渐降低。

各部门合计实现技术节能量为 4636 万 tce，减少二氧化碳排放 1.2 亿 t。工业领域仍是最大的节能部门，节能量为 3092 万 tce，比上年减少 32.5%；建筑领域节能改造成效显著，实现节能量 2579 万 tce；交通运输领域单位综合能耗上升；农业领域单位综合能耗下降。

1.1 能源消费概况

2020 年，全国一次能源消费量 49.8 亿 tce，比上年增长 2.2%，增速比上年降低 1.1 个百分点，占全球能源消费的比重达 26.1%❶。其中，煤炭消费量 28.3 亿 tce，比上年增加 0.6%；石油消费量 9.4 亿 tce，比上年增加 1.6%；天然气消费量 4.2 亿 tce，比上年增长 7.3%（相关数据见附录）。

一次能源消费结构中煤炭比重继续下降。2020 年，我国煤炭占一次能源消费的比重为 56.8%，比上年下降 0.9 个百分点，创历史新低；占全球煤炭消费的比重为 54.3%❷，比上年上升 2.4 个百分点。我国是世界上少数几个能源供应以煤为主的国家之一，美国煤炭占一次能源消费的比重为 10.5%，德国为 15.2%，日本为 26.9%，世界平均为 27.2%。2020 年，我国原油消费量比重下降 0.1 个百分点；天然气比重上升 0.4 个百分点。非化石能源消费量占一次能源消费量的比重达 15.9%，比上年提高 0.6 个百分点。

（一）工业占终端用能比重

工业在终端能源消费中占据主导地位。2019 年，我国终端能源消费量为 35.03 亿 tce，其中，工业终端能源消费量为 22.82 亿 tce，占终端能源消费总量的比重为 65.1%；建筑业占 2.1%；交通运输占 11.6%；农业占 1.9%。我国分部门终端能源消费结构，见表 1-1-1。

表 1-1-1　　　　　　　　我国分部门终端能源消费结构

部门	2000 年		2005 年		2010 年		2018 年		2019 年	
	消费量 (Mtce)	比重 (%)	消费量 (Mtce)	比重 (%)	消费量 (Mtce)	比重 (%)	消费量 (Mtce)	比重 (%)	消费量 (Mtce)	比重 (%)
农业	28.7	2.7	50.3	2.6	53.3	2.1	67.1	2.0	66.7	1.9

---

❶ 数据来源：《BP 世界能源统计年鉴 2021》，2021 年 7 月。

❷ 本段数据来源为《中国统计年鉴 2021》《BP 世界能源统计年鉴 2021》。

续表

部门	2000 年		2005 年		2010 年		2018 年		2019 年	
	消费量 (Mtce)	比重 (%)	消费量 (Mtce)	比重 (%)	消费量 (Mtce)	比重 (%)	消费量 (Mtce)	比重 (%)	消费量 (Mtce)	比重 (%)
工业	718.7	67.7	1356.8	70.4	1826.5	70.4	2149.2	63.0	2281.7	65.1
建筑业	18.0	1.7	29.3	1.5	45.8	1.8	75.3	2.2	74.0	2.1
交通运输	103.7	9.8	177.5	9.2	251.9	9.7	406.8	11.9	405.2	11.6
批发零售	21.6	2.0	41.1	2.1	52.9	2.0	83.1	2.4	80.1	2.3
生活消费	126.2	11.9	200.1	10.4	263.3	10.1	436.0	12.8	429.9	12.3
其他	44.8	4.2	72.6	3.8	102.0	3.9	168.4	4.9	165.6	4.7
总计	1061.7	100	1927.7	100	2595.8	100	3409.6	100	3503.1	100

注 1. 数据来自《中国能源统计年鉴 2020》。终端能源消费量等于一次能源消费量扣除加工、转换、储运损失，电力、热力按当量热值折算。
2. 我国统计的交通运输用油，只统计交通运输部门运营的交通工具的用油量，未统计其他部门和私人车辆的用油量。这部分用油量为行业统计和估算值。

（二）优质能源比重

优质能源是相对的概念，指热值高、使用效率高、有害成分少、使用方便的能源，也指对环境污染小或无污染的能源。我国优质能源在终端能源消费中的比重逐步上升，但比重仍偏低。煤炭占终端能源消费比重持续下降，电、气等优质能源的比重逐步增加。2019 年电力占终端能源消费的比重为 25.1%，比 2018 年上升 0.5 个百分点[1]。根据 IEA 的相关数据，2019 年我国终端电气化水平仅次于日本，高于世界平均水平 7.1 个百分点，比美国高 6.1 个百分点[2]。提高非化石能源消费比重是碳达峰碳中和工作的主要目标之一。2019 年世界及主要国家终端电气化水平如图 1-1-1 所示。

（三）人均能源消费量

人均能源消费量进一步提高。2020 年，我国人均能源消费量为 3449kgce，

---

[1] 数据来源：《中国统计年鉴 2021》。
[2] 根据 IEA 数据测算，2019 年中国终端电气化水平为 26.8%。中国与 IEA 统计数据差异的主要原因是统计口径不同，IEA 统计终端不包括电热水的生产与供应，以及石油天然气的开采，导致终端用能量偏小，但对用电量影响不大，因此数据偏大。

比上年增加 68kgce，比世界平均水平（2437kgce❶）高 1012kgce，但仍远低于主要发达国家，2020 年美国、欧洲、日本分别为 9053、3876、4596kgce。2005年以来我国人均能源消费量，如图 1-1-2 所示。

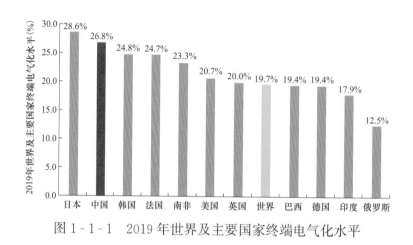

图 1-1-1　2019 年世界及主要国家终端电气化水平

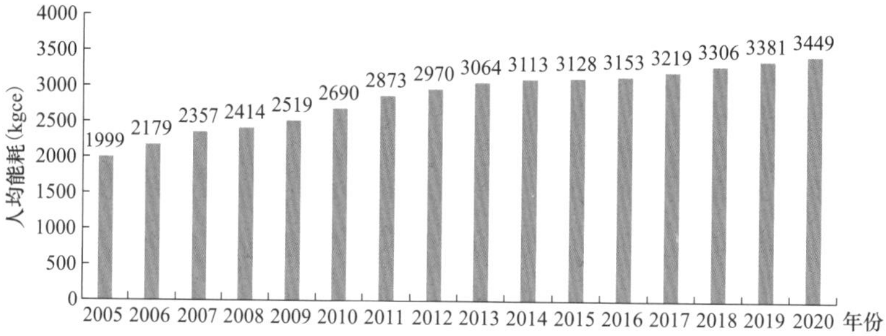

图 1-1-2　2005 年以来我国人均能源消费量

1.2　单位 GDP 能耗

全社会单位 GDP 能耗略有下降。2020 年，全社会单位 GDP 能耗为 0.547tce/万元❷，比上年降低 0.2%。与 2015 年相比，累计下降 13.3%。

---

❶　本小节国外数据来源于 BP。

❷　根据《中国统计年鉴 2021》公布的 2015 年可比价 GDP 和能源消费总量数据测算。

自 2015 年以来，我国单位 GDP 能耗保持下降态势，但下降幅度逐渐降低，见表 1-1-2。

表 1-1-2　　　　2015 年以来我国单位 GDP 能耗及变动情况

年份	单位 GDP 能耗（tce/万元）	增速（%）
2015	0.630	—
2016	0.600	−4.8
2017	0.579	−3.5
2018	0.562	−3.0
2019	0.548	−2.5
2020	0.547	−0.2

1.3　节能降碳量

与 2019 年相比，2020 年我国工业领域、建筑领域、交通领域、农业领域共实现技术节能 4636 万 tce，占全社会能源消费总量的 0.93%；分别实现节能 3092 万、2579 万、−1203 万、166 万 tce，分别实现减少二氧化碳排放 8477 万、7000 万、−3300 万、312 万 t，合计减少二氧化碳排放 1.2 亿 t[1]，见表 1-1-3。

表 1-1-3　　　　2020 年全社会节能量

部　　门	节能量（万 tce）	降碳量（万 t）
工业	3092	8477
其中：能源生产、转换、传输环节	1462	4077
其中：工业制造业	1632	4400
建筑	2579	7000

[1] 节能带来的降碳量测算主要考虑各领域和环节中各产品或终端用能类别的用能结构、能耗强度变化程度，以及各类能源的碳排放系数。总体上，约为 1tce 折算 2.77t 二氧化碳。

续表

部　　门	节能量（万 tce）	降碳量（万 t）
交通运输	− 1203	− 3300
农业	166	312
总计	4636	12 489

2

能源生产、转换、传输环节
效率及节能降碳

章节要点

电力工业节能减排效果显著，实现节能量 1462 万 tce，减少二氧化碳排放约 4077 万 t。2020 年，全国 6000kW 及以上火电机组供电煤耗为 304.9gce/（kW·h），比上年降低 1.5gce/（kW·h）；全国线路损失率为 5.6%，比上年降低 0.33 个百分点。与 2019 年相比，综合发电和输电环节的节能效果，电力工业生产领域实现节能量 1462 万 tce，减少二氧化碳排放约 4077 万 t。

煤炭开采和洗选行业单位综合能耗略有下降，油气开采行业单位综合能耗略有上升。2020 年，煤炭开采和洗选单位综合能耗为 15.01kgce/t，比上年下降 0.1%，实现节能 7.0 万 tce，减少二氧化碳排放 19.4 万 t；2020 年石油和天然气开采业吨煤能耗比上年上升 0.2%。

2.1 电力生产与传输

电力工业作为国民经济发展的重要基础性能源工业，是国家经济发展战略中的重点和先行产业，也是我国能源生产和消费大户，属于节能减排的重点领域之一。2020 年，全国主要电力企业电力工程建设完成投资合计 10 189 亿元，比上年增长 12.0%。其中，电网建设投资 4896 亿元，比上年下降 62.3%；电源投资 5292 亿元，比上年增长 29.5%[1]。

2.1.1 行业概述

（一）行业运行

2020 年，我国电力工业继续保持较快增长势头，电力供应和电网输送能力进一步增强，电源和电网结构进一步优化。电源建设方面，截至 2020 年底，全国全口径发电装机容量达到 22.0 亿 kW，比上年增长 9.6%，增速比上年提高 3.9 个百分点；全国全口径发电量 76 264 亿 kW·h，比上年增长 4.1%，增速比上年降低 0.7 个百分点。电网建设方面，截至 2020 年底，全国电网 220kV 及以上输电线路回路长度为 79.4 万 km，比上年增长 4.6%，220kV 及以上变电设备容量为 45.3 亿 kV·A，增长 4.9%，见表 1-2-1。

表 1-2-1　　　　2015—2020 年我国电源与电网发展情况

类　别	2015 年	2016 年	2017 年	2018 年	2019 年	2020 年
年末发电设备容量（GW）	1525.27	1650.51	1777.08	1900.12	2010.06	2202.04
其中：水电	319.54	332.07	343.59	352.59	358.04	370.28
火电	1005.54	1060.94	1104.95	1144.08	1189.57	1246.24
核电	27.17	33.64	35.82	44.46	48.74	49.89

---

[1] 投资、发电装机容量、发电量数据来源为中国电力企业联合会发布的《中国电力行业年度发展报告 2021》，下同。

续表

类　别		2015 年	2016 年	2017 年	2018 年	2019 年	2020 年
风电		130.75	147.47	163.25	184.27	209.15	281.65
发电量（TW·h）		5740.0	6022.8	6417.1	6994.7	7326.6	7626.4
其中：水电		1112.7	1174.8	1193.1	1232.1	1302.1	1355.3
火电		4230.7	4327.3	4555.8	4924.9	5046.5	5177
核电		171.4	213.2	248.1	295	348.7	366.2
风电		185.6	240.9	303.4	365.8	405.3	466.5
220kV 及以上	输电线路（万 km）	61.09	64.2	69	73	76	79.4
	变电容量（亿 kV·A）	31.32	34.2	40.3	40.3	42.6	45.3

数据来源：中国电力企业联合会。

（二）能源消费

电力工业消耗能源总量占一次能源消费总量的比重小幅下降。 2020 年，全国 6000kW 及以上电厂消耗能源量为 14.8 亿 tce，比上年增长 1.9%，占全国一次能源消费总量的比重为 29.8%，比上年下降 0.06 个百分点。

厂用电量增速低于发电量增速，线损电量增速低于供电量增速。 2020 年，全国发电厂厂用电量为 3546 亿 kW·h，比上年增长 3.6%，发电量比上年增长 4.1%；全国线路损失电量为 4072 亿 kW·h，比上年降低 1.68%，供电量比上年增长 4.11%。

电力行业发展更加绿色低碳。 由于煤炭消耗量大，电力行业是节能减排的重点行业。2020 年我国的电力烟尘、二氧化硫、氮氧化物排放量分别约为 15.5 万、78 万、87.4 万 t，分别比上年下降约 15.1%、12.7%、6.3%。全国单位火电发电量二氧化碳排放约 832g/（kW·h），比上年下降 6g/（kW·h）；单位发电量二氧化碳排放约 565g/（kW·h），比上年下降 12g/（kW·h）。

2.1.2　能效提升主要措施

2020 年，我国电力工业节能减排取得了显著成就，所采取的能效提升措施主要包括以下几个方面：

(1) 深入推进煤电行业淘汰落后产能，超低排放技术领域取得突破性进展。

2020 年 7 月，国家能源局发布《关于下达 2020 年煤电行业淘汰落后产能目标任务的通知》，明确要求煤电行业淘汰落后产能目标任务为 733.35 万 kW。河南、浙江、江苏计划淘汰落后产能容量位居前三位，分别为 206 万、83.1 万、74.7 万 kW。在火电燃烧机超低排放技术领域取得突破性进展，智能发电运行控制技术实现了工业控制系统从并跑到领跑的跨越。成功研制出国内首个基于国产芯片、国产操作系统和核心元器件，国产化率 100% 的华能"睿渥"DCS，实现高参数、大容量发电领域核心控制设备完全自主可控。东营发电 1 号机组首次采用单轴六缸六排汽技术，开创了更加环保、节能、高效的百万千瓦级二次再热燃煤发电机组的先河。东方电气集团自主研发的国内首台 F 级 5 万 kW 重型燃气轮机实现满负荷稳定运行。

(2) 可再生能源装机规模稳步扩大，可再生能源替代传统能源发电量持续增长。

可再生能源装机规模稳步扩大，逐步替代传统能源发电，减少化石能源利用。截至 2020 年底，我国可再生能源发电装机达到 9.34 亿 kW，比上年增长约 17.5%；其中，水电装机容量 3.7 亿 kW（其中抽水蓄能 3149 万 kW）、风电装机容量 2.81 亿 kW、光伏发电装机容量 2.53 亿 kW、生物质发电装机容量 2952 万 kW。可再生能源发电量持续增长。2020 年，全国可再生能源发电量达 22 148 亿 kW·h，比上年增长约 8.4%。其中，水电 13 552 亿 kW·h，比上年增长 4.1%；风电 4665 亿 kW·h，比上年增长约 15%；光伏发电 2605 亿 kW·h，比上年增长 16.1%；生物质发电 1326 亿 kW·h，比上年增长约 19.4%。

(3) 积极探索促进新能源消纳的新机制和新模式，推动弃风、弃光电量进一步降低。

2020 年，全国主要流域弃水电量约 301 亿 kW·h，水能利用率约 96.61%，较上年提高 0.73 个百分点；全国弃风电量约 166 亿 kW·h，平均利用率 97%，较上年提高 1 个百分点；全国弃光电量 52.6 亿 kW·h，平均利用率 98%，与上年平均利用率持平。

一是多地积极探索储能等灵活调节资源促进新能源消纳的新机制。国家能源局西北监管局发布《青海省电力辅助服务市场运营规则（征求意见稿）》，满足 10MW/20MW·h 以上、具备 AGC 功能等条件的发电企业、用户侧或电网侧储能电站可以参与辅助服务市场。宁夏发展和改革委印发《关于加快促进自治区储能健康有序发展的指导意见（征求意见稿）》，鼓励储能以独立身份参与市场交易，通过市场发现储能价格。国家能源局山东监管办发布《山东电力辅助服务市场运营规则（试行）（2020 年修订版）》，明确 5MW/10MW·h 以上的独立储能设施、集中式新能源场站配套储能设施等可以参与调峰辅助服务，价格上限按照火电机组降出力调峰价格上限执行。国家能源局江苏监管办公室印发《江苏电力市场用户可调负荷参与辅助服务市场交易规则（试行）》，探索用户可调负荷参与辅助服务市场。国家能源局湖南监管办公室印发《湖南省电力辅助服务市场交易规则（征求意见稿）》，明确鼓励符合相关技术标准的储能服务提供商、调相服务提供商和用电企业进入市场交易。

二是多地试点探索促进新能源消纳的新模式。浙江电网实施虚拟电厂辅助电网调峰试点，远程控制丽水绿色能源虚拟电厂辅助电网调峰 43 万 kW，有效提升浙江电网调节能力。江苏省国庆假期实施填谷电力需求响应，累计填谷 1340 万 kW，促进清洁能源消纳 8690 万 kW·h，有效缓解假期负荷低谷时段清洁能源消纳压力。山西省正式启动"新能源＋电动汽车"智慧能源试点，旨在有效解决弃风弃光问题，降低电动汽车用电成本，促进低碳环保出行。

三是促进清洁能源消纳的重大工程取得新进展。内蒙古锡林郭勒盟清洁能源特高压外送汇集工程全面投产并网。该工程为当地 36 个风电场提供稳定的电力外送通道，每年可增加风电清洁能源外送 175 亿 kW·h。青海—河南±800kV 特高压直流工程正式投运，将为促进新能源大规模外送消纳创造有利条件。安徽绩溪抽水蓄能电站 6 台机组全部并网，总装机容量 180 万 kW。

2.1.3　能效及节能降碳量

2020 年，全国 6000kW 及以上火电机组供电煤耗为 304.9gce/（kW·h），比上年降低 1.5gce/（kW·h）；全国线路损失率为 5.60%，比上年降低 0.33 个百分点。2015—2020 年我国电力工业能耗主要指标见表 1-2-2。

表 1-2-2　　2015—2020 年我国电力工业能耗主要指标

指　　标	2015 年	2016 年	2017 年	2018 年	2019 年	2020 年
供电煤耗［gce/（kW·h）］	315	312	309	307.6	306.4	304.9
发电煤耗［gce/（kW·h）］	297	294	294	289.9	288.8	287.3
厂用电率（%）	5.09	4.77	4.8	4.69	4.67	4.65
其中：　　火电	6.04	6.01	6.04	5.95	6.03	5.98
线路损失率（%）	6.64	6.49	6.48	6.27	5.93	5.60
发电设备利用小时	3969	3797	3790	3880	3828	3756
其中：　　水电	3621	3619	3597	3607	3697	3825
火电	4329	4186	4219	4378	4307	4211

数据来源：中国电力企业联合会。

与 2019 年相比，综合发电和输电环节节能效果，2020 年电力工业生产领域实现节能量 1462 万 tce，减少二氧化碳排放约 4077 万 t。

2.2　煤炭开采与洗选

煤炭工业是从事资源勘探、煤田开发、煤矿生产、煤炭贮运、加工转换和环境保护的产业部门。煤炭是世界上储量最多、分布最广的燃料资源。中国是世界最大的煤炭生产国和消费国。

2.2.1 行业概述

（一）行业运行

煤炭行业生产总体平稳，近几年增速逐年下降。2020 年煤炭生产量 39 亿 t，比上年增长 1.4%，增速回落 2.6 个百分点。2000 年以来主要年份煤炭产量、增速如图 1-2-1 所示。

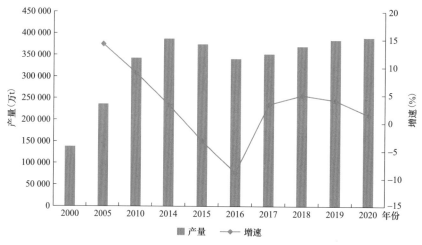

图 1-2-1　2000－2020 年主要年份煤炭产量、增速

行业固定资产投资小幅下滑。2020 年，煤炭开采和洗选业固定资产投资比上年下降 0.7%❶。

（二）能源消费

煤炭是国民经济发展的重要能源来源，煤炭行业是推进节能降耗的重点行业之一。随着部分中小型煤矿逐步关停、有关能效标准的制定与实施，以及节能技术的推广，我国煤炭的生产、加工及转换环节的能效水平迅速提升。2020年煤炭开采和洗选业能源消费总量为 5853.58 万 tce，综合能耗为 15.01kgce/t，比上年降低 0.1%。

---

❶　数据来源：《中国统计年鉴 2021》。

与国际先进水平相比，我国在煤炭生产、加工及转换等环节整体能耗水平仍然偏高。一方面，我国煤炭资源分布广、煤层埋藏深，先天条件占优的露天煤矿比重不到12%，绝大多数煤矿开采难度较大；另一方面，我国煤炭开采及加工转换方面的机械化程度距离国际先进水平仍然存在较大差距，用人多、效率低的局面没有根本改变，目前我国煤矿采煤、掘进机械化程度分别只有78.5%、60.4%，现已建成智能化采煤工作面的煤矿数量，仅占正常生产煤矿数量的5.4%。

（三）行业相关规划及规范

根据国务院发布《新时代的中国能源发展》白皮书，未来我国将推进煤炭安全智能绿色开发利用，努力建设集约、安全、高效、清洁的煤炭工业体系。推进煤炭供给侧结构性改革，完善煤炭产能置换政策，加快淘汰落后产能，有序释放优质产能，煤炭开发布局和产能结构大幅优化，大型现代化煤矿成为煤炭生产主体。加大安全生产投入，健全安全生产长效机制，加快煤矿机械化、自动化、信息化、智能化建设，全面提升煤矿安全生产效率和安全保障水平。推进大型煤炭基地绿色化开采和改造，发展煤炭洗选加工，发展矿区循环经济，加强矿区生态环境治理，建成一批绿色矿山，资源综合利用水平全面提升。实施煤炭清洁高效利用行动，煤炭消费中发电用途占比进一步提升。煤制油气、低阶煤分质利用等煤炭深加工产业化示范取得积极进展。

2.2.2 能效提升主要措施

(1) 创新研发煤矿开采及洗选技术，提升设备的电气化、智能化水平。

在科技创新方面，加大国家科技研发支撑力度，将煤炭深加工纳入国家科技重大工程计划，集中力量解决制约产品优势提升的工艺技术、关键设备、自控技术等"卡脖子"问题，加强整体过程集成优化、智能化及数字化控制管理。

具体而言，一是加强先进掘进机等关键设备的国产化，提升煤矿开采及洗选的机械化率，并推动矿车等设备的电气化。二是提升矿井网络、数据中心以及全生产线感知系统建设，提升煤炭生产及加工转换过程的数据监测能力，推进矿井水、瓦斯等余热资源的利用，并提升矿山自备电厂等配套设备的能效。三是构建基于大数据、云计算及数字孪生为基础的智能决策系统，以及以高精度机器人为核心的智能操作系统，实现煤矿智能化、自动化运行。

（2）创新煤矿开采及洗选行业管理模式，提升行业管理效率水平。

一是进一步加强对中小煤矿的治理，并根据机械化水平、技术发展等因素滚动更新煤炭生产及加工转换过程的能效标准。二是通过定期培训等方式，不断提升员工对先进设备的操作能力及技术水平。三是加强人工智能等先进技术在开采、洗选等不同环节集中管理中的应用。

（3）加快绿色低碳发展，推进煤炭深加工与石化、新能源等产业融合发展。

一是与石油和化学工业互补发展，包括发挥我国煤炭资源优势和特点，通过发展煤制燃料、煤制烯烃、煤制芳烃、煤制乙二醇等石油替代性产品，推动石化原料路线多元化和能源安全供给保障能力，提升我国基础石化产品自给率和国际竞争力。二是探索在典型能源基地推进煤化工和可再生能源制氢融合示范，促进煤化工绿色低碳化发展、氢能产业规模化发展，实现煤化工与可再生能源低碳融合，助推区域各能源品种清洁融合利用，先行先试碳中和目标下的煤化工发展技术与路径。三是拓展二氧化碳资源化利用途径，降低二氧化碳排放。

2.2.3 能效及节能降碳量

尽管环保要求日趋严格，环保设备的运行增加了综合电量消耗，但2020年我国原煤开采及洗选行业吨煤能耗比上年下降0.1%。2015—2020年原煤开采及洗选行业产品产量及能耗指标，见表1-2-3。

表 1 - 2 - 3　2015－2020 年原煤开采及洗选行业产品产量及能耗指标

项　　目	2015 年	2016 年	2017 年	2018 年	2019 年	2020 年
煤炭产量（亿 t）	37.5	34.1	35.2	37.0	38.5	39.0
煤炭开采及洗选业能源消费总量（万 tce）	5411.86	5168.86	5739.50	5535.11	5779.93	5853.58
煤炭开采和洗选综合能耗（kgce/t）	14.44	15.16	16.29	14.97	15.03	15.01

数据来源：《中国能源统计年鉴 2020》《2020 煤炭行业发展年度报告》。

2020 年，根据当年产量测算，煤炭开采和洗选业节能量为 7.0 万 tce，减少二氧化碳排放 19.4 万 t。

2.3　油气开采

油气开采主要包括天然石油、油页岩、天然气的开采，由油田地质勘探、油田开发和石油开采、输送等环节构成。石油是工业的"血液"，是重要的工业能源。

2.3.1　行业概述

（一）行业运行

石油生产总体平稳，自 2019 年产量增速由负转正；2020 年天然气生产首次出现下降。2020 年石油生产量 19 500 万 t，比上年提升 2.1%；天然气产量为 1618.2 亿 m³，比上年下降 8.2%。2000 年以来主要年份石油、天然气产量及增速如图 1 - 2 - 2、图 1 - 2 - 3 所示。

行业固定资产投资呈现滑坡式下滑。2020 年，石油和天然气开采业固定资产投资比上年降低 29.6%❶。

（二）能源消费

石油和天然气的高效开采及加工转换对推动我国能源高质量发展起到关键

---

❶　数据来源：《中国统计年鉴 2021》。

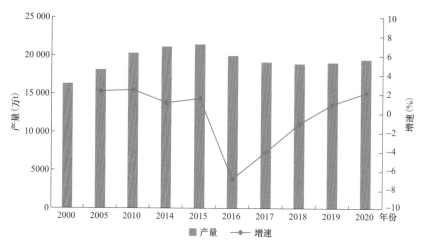

图 1-2-2 2000—2020 年主要年份石油产量增速变化

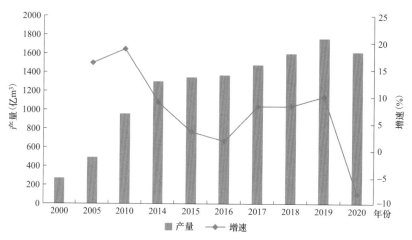

图 1-2-3 2000—2020 年主要年份天然气产量增速变化

作用。油气生产方面，目前我国的开采效率相比国际先进水平仍有一定差距。2020 年，石油和天然气开采业能源消费总量为 3752.9 万 tce，综合能耗为 192.5kgce/t。

（三）行业相关规划及规范

根据《新时代的中国能源发展》白皮书、《中长期油气管网规划》等相关文件，未来我国将大力提升油气勘探开发力度，推动油气增储上产。推进煤电油气产供储销体系建设，完善能源输送网络和储存设施，健全能源储运和调峰应急体系，不断提升能源供应的质量和安全保障能力。未来将以资源环境承载力为基础，统筹化石能源开发利用与生态环境保护，有序发展先进产能，加快淘汰落后产能，推进煤炭清洁高效利用，提升油气勘探开发力度，促进增储上产，提高油气自给能力。

2.3.2　能效提升主要措施

(1) 创新研发石油和天然气开采技术，提升开采流程的精细化、专业化水平。

一是加强聚合物驱、三元复合驱等三次采油技术的进一步推广，重点推广油田采油污水余热利用等工艺，实施注采输系统一体化能效提升、天然气和伴生气回收、余热余压利用等重点节能工程，并不断完善我国油气管道及存储设施的建设。二是积极研发微生物采油等生物技术，运用5G、北斗、人工智能等先进技术及工具，不断提高勘探精度，提升优质油气资源的勘探效率，并推广应用网电钻机技术、天然气发动机等技术的应用。三是通过多能协同促进能效提升，针对较难开发的页岩气等油气资源进一步开展先进开采技术的科研攻关，并将油气开采与海上风电及光伏等新能源进行有机融合，利用可再生能源协同传统油气生产可以在增加经济效益的同时显著降低能耗、减少碳排放。

(2) 创新石油和天然气开采行业管理模式，提升行业管理效率水平。

一是加强油气开采现场管理能力，并进一步完善油气管网建设的规范及标准。二是通过物联网、机器人等先进技术加强偏远采油采气厂的智能化管理。三是依托互联网、大数据、数字孪生技术，对油气勘探、开采、运输实现全流程、集约化规划及管控。

(3) 油气业务一体化发展推进行业能效优化。

随着原油贸易全球化、原料多元化的进一步发展，许多国际石油公司利用全产业链优势，将供应链、生产链和消费链组成的生态体系进行全方位优化升级，探索出了一条对油气高效加工和充分利用的生产模式，提高产业链能源综合利用水平。在此背景下，石油和天然气开采行业的各个环节，包括勘探资源，油气生产、液化、贸易和运输以及再气化等环节联系起来，充分利用行业规模和专门技术，发展油气相关业务，推进能效的提升。

2.3.3 能效及节能降碳量

2020 年我国石油和天然气开采业吨煤能耗比上年上升 0.2%。2015－2020 年石油和天然气开采业产品产量及能耗指标，见表 1-2-4。

表 1-2-4　2015－2020 年石油和天然气开采业产品产量及能耗指标

项　　　目	2015 年	2016 年	2017 年	2018 年	2019 年	2020 年
石油产量（万 t）	21 456	19 969	19 151	18 932	19 101	19 500
天然气产量（亿 m³）	1346	1369	1480	1602	1762	1618
石油和天然气开采业能源消费总量（万 tce）	3998.95	3706.90	3681.48	3587.53	3669.27	3752.87
石油和天然气开采综合能耗（kgce/t）	186.38	185.63	192.23	189.50	192.10	192.45

数据来源：《中国能源统计年鉴 2020》《全国石油天然气资源勘查开采通报（2020 年度）》。

2020 年，根据当年产量测算，石油和天然气开采业未实现节能，增加二氧化碳排放 19.3 万 t。

2.4　能效及节能降碳量

2019 年，我国能源加工转换总效率为 73.3%，发电及供热效率为 45.8%，炼焦效率为 92.6%，炼油及煤制油效率为 95.3%（相关数据见附录），预计 2020 年我国能源加工转换总效率将继续提高。2020 年能源生产、转换、传输环节共实现节能量 1462 万 tce，减少二氧化碳排放约 4077 万 t。

3

工业制造业能源效率及节能降碳

📡 章节要点

工业制造业主要产品单位能耗普遍持续下降。2020 年，铜冶炼单位能耗为 286kgce/t，比上年降低 14.6%；钢单位能耗为 545kgce/t，比上年降低 1.4%；电石单位能耗为 3073kgce/t，比上年降低 2.1%；炼油、乙烯、合成氨、烧碱、纯碱等产品单位能耗略有上升。

工业制造业节能量达到 1632 万 tce，节能量较上年有所下降。与 2019 年相比，2020 年工业制造业 13 种产品单位能耗下降实现节能量约 1516.5 万 tce。据推算，工业制造业总节能量约为 1632 万 tce，减少二氧化碳排放约 4400 万 t。

3.1　黑色金属工业

黑色金属是指铁、锰、铬及以它们为基础所组成的合金，包括钢、钢材、生铁、铁合金等。黑色金属是工业上最广泛应用的金属材料，在国民经济中占有极重要的地位。其中，工业用钢根据用途通常分为结构钢、工具钢、特殊性能钢和专业用钢；根据性能通常分为普通钢、优质钢和高级优质钢，其高端钢铁也即优质钢和高级优质钢主要应用于各类精密机械、汽车零件等领域，并服务于飞机、船舶、武器等国防军工的特殊需求。

3.1.1　行业概述

（一）行业运行

2020年，钢铁行业生产保持平稳，产量继续增长，有力支撑了下游行业用钢需求和国民经济稳步复苏。

钢铁产量平稳增长，下半年增速明显回升。2020年，全国粗钢产量105 300万t，比上年增长5.2%，增速较上年回落3.1个百分点；第三、第四季度粗钢产量分别增长10.0%、10.2%，如图1-3-1所示。钢材产量132 489万t，

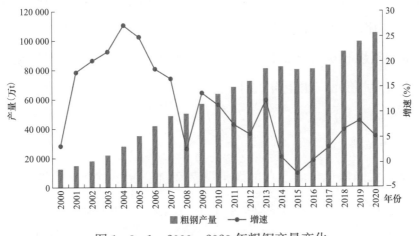

图1-3-1　2000—2020年粗钢产量变化

比上年增长 7.7%，增速较上年回落 2.1 个百分点；第三、第四季度钢材产量分别增长 11.8%、14.5%，如图 1-3-2 所示。

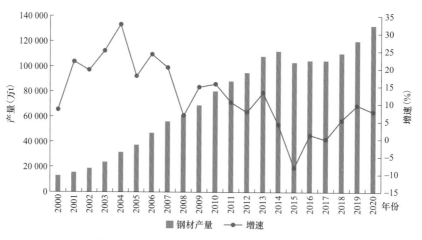

图 1-3-2 2000—2020 年钢材产量变化

钢材出口下降，进口大幅增长。2020 年，全国出口钢材 5367.1 万 t，比上年减少 16.5%，连续五年减少，增速较上年下降 9.2 个百分点；进口钢材 2023.3 万 t，比上年增长 64.4%，增速较上年上升 70.9 个百分点。

钢材平均价格略有下降。据中国钢铁工业协会数据，中国钢材价格指数 2020 年平均值 105.57 点，比上年下降 2.2%，4 月末降至 2020 年最低的 96.62 点后，随需求恢复逐步回升，11 月，钢材价格指数加速上涨，主要原因是铁矿石因疫情影响出现阶段性供需偏紧，第四季度价格开始大幅度上升，价格指数于 12 月升至 129.14 点，比 2020 年最低点上涨 32.52 点。

企业效益实现较快增长。2020 年，中国钢铁工业协会重点统计钢铁企业实现销售收入 4.7 万亿元，比上年增长 10.9%；实现利润 2074 亿元，比上年增长 6.6%。

（二）能源消费

2019 年，我国黑色金属工业能源消费 7.09 亿 tce，占全国终端能源消费总量的比重为 14.6%，比 2018 年提高 2.1 个百分点；占工业行业耗能量比重为 31.1%，比 2018 年提高 0.2 个百分点。

　　从能源结构来看，黑色金属工业用能以煤炭为主。钢铁行业低碳转型面临较大挑战，高炉－转炉长流程工艺结构仍占主导地位，能源结构高碳化，煤、焦炭占能源投入近 90%。2019 年煤炭、石油、天然气、电力、热力及其他能源消费量分别为 60 342 万、123 万、1747 万、7939 万、664 万、101 万 tce，分别占黑色金属工业终端能源消费总量的 85.1%、0.2%、2.5%、11.2%、0.9%、0.1%，如图 1-3-3 所示。

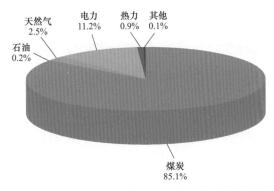

图 1-3-3　2019 年我国黑色金属工业能源消费结构

　　从碳排放来看，化石燃料燃烧是钢铁行业的主要碳排放来源。作为能源消耗高密集型行业，钢铁行业是制造业 31 个门类中碳排放量的大户，占全国碳排放总量 15% 左右。钢铁生产过程中的碳排放主要有四大类来源：化石燃料燃烧排放、工业生产过程排放、净购入使用的电力、固碳产品隐含的碳排放。化石燃料燃烧排放中，焦炭占据较大比重，与国内高炉工艺占比高有密切关系。焦炭作为高炉炼铁的主原料，既是燃料，又是还原剂，同时在高炉中还起到骨架、稳定炉料透气性。2020 年国内高炉生铁与粗钢比为 0.833，2019 年比值为 0.812，远高于同期全球 0.684 的水平，较高的生铁占比导致国内钢铁行业对焦炭的消费依赖重。

3.1.2　能效提升主要措施

(1) 实施能源信息化管理。

能源信息化管理系统是一个集过程监测管理、能源管理、能耗分析、能源优化于一体的物联网系统，具有对企业能源设备和能源介质监测、分析、统计、事故预警等功能，通过实施能源信息化管控，建设能源管理中心，实现能源精细化管理，及时发现问题并优化调度，为能源介质的合理分配提供了科学准确的信息，使得能源的合理分配成为可能，从而实现企业能源的高效利用，为企业的生产经营服务。

(2) 开发利用可再生能源。

鼓励钢铁行业开发和利用清洁能源，如进一步提升光伏发电、风电等在钢铁行业的应用比例；支持扩大清洁能源和可再生能源在钢铁企业应用范围上的研究与开发，鼓励清洁能源在钢铁生产用掺烧煤机组、煤气发生炉等领域的替代，促进能源结构调整，提高能源使用效率，减少煤炭占比，采用低灰、低硫、低水分的原料煤，提高煤炭和原料质量，降低钢铁行业煤耗，实现全行业节能低碳共同进步。

(3) 推广先进节能技术应用。

钢铁行业的能效提升主要集中于自产热能、压力、燃料的充分利用，通过全面推广先进节能工艺技术，采用烧结环冷机废气余热发电、亚临界发电、高炉 TRT 发电、高温高压干熄焦技术、钢坯热装热送、加热炉自动优化燃烧、加热炉黑体技术等先进技术，实现节能提效。本节选取高能效长寿化双膛立式石灰窑装备及控制技术、汽轮驱动高炉鼓风机与电动/发电机同轴机组技术两项典型技术进行详细论述。

采用高能效长寿化双膛立式石灰窑装备及控制技术。技术适用于冶金行业的磁铁矿磨矿工艺节能技术改造，采用石灰石双膛换向蓄热煅烧工艺，通过采取风料逆流和并流复合接触，窑内 V 形料面精准调节，周向各级燃料精准供给，基于物燃料煅烧特性的最优换向控制，柔性拼装与强固砌筑衬体等关键技术，可实现石灰窑的节能化长寿化多重效益，能耗低至 96.07kgce/t。

从技术功能特性看，采取复合布风技术，根据不同工艺段灵活使用风料逆、并流接触模式，可在保证产品质量前提下，提高风料传热效率15%；采取精准布料与对中排料技术，使窑内料层可稳定均匀下行，且窑内料面满足石灰石安息特性的V形料面，可降低窑内无效风量30%；采取矩阵式筋板装置、环向柔性连接装置、拱顶式牛腿装置、摩擦自锁砖装置等一系列柔性强固式装备，形成了柔性拼装式窑体与强固砌筑式衬体，可使部件寿命延长40%。

扬州恒润海洋重工有限公司2×600t/d石灰窑改造项目，改造前烧结和炼钢等工序用石灰均来自对外采购，外购石灰大部分采用回转窑工艺生产，回转窑生产过程中，排烟温度高，尾气带走的热量过大，导致单位石灰生产能耗过高。改造后，较原窑每吨成品石灰节约电耗3kW·h，两台窑每年成品石灰产量39.6万t，年节约总电量约118.8万kW·h，折合年节约标准煤386.1t，减少二氧化碳排放1070t/a。该项目综合年效益合计为3579.84万元，总投入为9000万元，投资回收期约30个月。预计未来5年，推广应用比例可达到35%，可形成节能178万tce/a，减少二氧化碳排放493.5万t/a。

采用高炉鼓风与发电同轴技术，设计汽轮机和电机同轴驱动高炉鼓风机组（BCSM）。 汽电双驱提高能源转换效率8%，缩短汽拖机组80%启动时间，保证复杂机组的轴系稳定性。设计高炉鼓风机与汽轮发电机同轴机组（BCSG），既实现了高炉备用鼓风机功能，又在备用鼓风机闲置期用于汽轮发电机组，同时解决了汽轮机驱动鼓风机启动时间长的问题，提高了高炉系统的能源利用效率。

从技术功能特性看，BCSG机组可实现高炉鼓风机运行和发电运行两种功能，用户可以根据需要任意切换；BCSM机组三种运行模式，用户可以根据需要选择，保证机组运行效益最高。

山西襄汾星源钢铁集团有限公司 AV 40 BCSM 机组改造项目，450m³ 高炉鼓风机组 AV 40 电拖鼓风机组增加汽轮机拖动改造，采用同步离合器连接，增加润滑调节油系统及控制系统。实施周期 17 个月。改造后，蒸汽条件满足设计工况时，最大发电功率可达 3500kW，按一年运行 8000h 计算，合计节约用电 2800 万 kW•h，折合年节约标准煤 9100t，减少二氧化碳排放 2.5 万 t/a。该项目综合年效益合计为 3000 万元，总投入为 4000 万元，投资回收期约 16 个月。预计未来 5 年，推广应用比例可达到 60%，可形成节能 40 万 tce/a，减少二氧化碳排放 110.9 万 t/a。

3.1.3　能效及节能降碳量

2020 年吨钢综合能耗为 545kgce/t，比上年降低 8kgce/t；吨钢可比能耗为 485kgce/t，比上年下降 1.3%；铁钢比为 0.842 9，比上年降低 0.007 2，是吨钢综合能耗下降的重要原因，见表 1-3-1。

表 1-3-1　　2011－2020 年钢铁行业主要产品产量及能耗指标

项目	2011 年	2012 年	2013 年	2014 年	2015 年	2016 年	2017 年	2018 年	2019 年	2020 年
粗钢产量（Mt）	689	724	779	823	804	808	831	928	996	1053
钢铁产量（Mt）	886	956	1082	1125	1035	1048	1046	1106	1205	1325
吨钢综合能耗（kgce/t）	605	602	604	592	585	572	586	559	553	545

数据来源：国家统计局；国家发展改革委；钢铁工业协会。

注　综合能耗中的电耗按发电煤耗法折算标准煤，代表全国行业平均水平。吨钢综合能耗数据为中国钢铁工业协会统计的会员企业数据。

分工序能耗来看，**烧结工序**：2020 年中钢协会员单位烧结工序能耗是 48.08kgce/t，比上年下降 0.54%。**焦化工序**：2020 年中钢协会员单位焦化工序能耗为 102.38kgce/t，比上年下降 2.15%。**球团工序**：2020 年中钢协会员单位球团工序能耗为 24.35kgce/t，比上年升高 1.78%。**炼铁工序**：2020 年中钢协会员单位的炼铁工序能耗为 385.17kgce/t，比上年下降 0.72%。**转炉工序：**2020 年中钢协会员单位的转炉工序能耗为－15.36kgce/t，比上年下降 9.67%。**电炉工序：**2020 年中钢协会员单位电炉工序能耗为 55.92kgce/t，比上年下降 0.33%。**钢加工工序：**2020 年中钢协会员单位钢加工工序能耗为 54.75gce/t，比上年升高 0.90%。

2020 年，受吨钢综合能耗下降和钢铁产量增速下降影响，钢铁行业节能量约为 842 万 tce，减少二氧化碳排放约为 2300 万 t。

3.2　有色金属工业

有色金属通常是指除铁和铁基合金以外的所有金属，主要品种包括铝、铜、铅、锌、镍、锡、锑、镁、汞、钛等十种。其中，铜、铝、铅、锌产量占全国有色金属产量的 90% 以上，被广泛用于机械、建筑、电子、汽车、冶金、包装、国防等领域。

3.2.1　行业概述

（一）行业运行

2020 年，我国有色金属工业产品产量平稳增长，增速有所回升。全年十种有色金属产量 6168 万 t，比上年增长 5.5%，增速提高 2.0 个百分点。其中，精炼铜产量 1002.5 万 t，比上年增长 7.4%；原铝产量 3708.0 万 t，比上年增长 4.9%；铅产量 644.3 万 t，比上年增长 9.4%；锌产量 642.5 万 t，比上年增长 2.7%；铜材产量 2045.5 万 t，比上年增长 0.9%；氧化铝产量 7313.2 万 t，比上年增长 0.3%；铝材产量 5779.3 万 t，比上年增长 8.6%。2000 年来十种有色金属的产量、增速如图 1-3-4 所示。

产品价格回暖，扭转行业效益下滑走势。2020 年，大宗有色金属价格经历

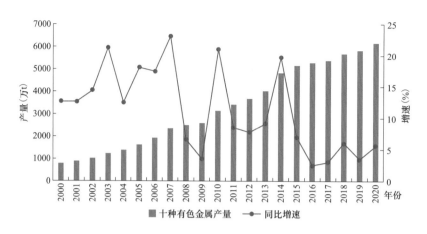

图 1 - 3 - 4 2000－2020 年有色金属主要产品产量、增速

"V 型"走势，4 月以来价格持续回暖，7 月上旬铜、铝现货均价基本恢复到疫情前水平，并持续上涨。2020 年底，铜、铝现货均价分别为 48 752、14 193 元/t，比上年分别增长 2.1%、1.7%；铅、锌现货均价分别为 14 770、18 496 元/t，比上年分别减少 11.3%、9.7%，降幅较上年下降 1.7、3.8 个百分点。

企业效益好于预期，进出口总额比上年增加。2020 年，规模以上有色金属工业企业（包括独立黄金企业）实现营业收入 58 266.5 亿元，比上年增长 3.8%；实现利润总额 1833.2 亿元，比上年增长 19.2%。其中，铜企业实现利润 408.4 亿元，比上年增长 7.7%，拉动规模以上有色金属企业利润增长 1.9 个百分点；铝企业实现利润 628.9 亿元，比上年增长 53.0%，拉动规模以上有色金属企业利润增长 14.2 个百分点；黄金企业实现利润 221.6 亿元，比上年增长 62.5%，拉动规模以上有色金属企业利润增长 5.5 个百分点。2020 年，有色金属出口贸易总额 1427 亿美元，比上年增长 7.7%，其中，进口额 1167 亿美元，比上年增长 12.1%，出口额 260 亿美元，比上年下降 8.3%。

（二）能源消费

有色金属工业是我国主要耗能行业之一，是推进节能降耗的重点行业。2019 年我国有色金属工业能源消费 2.44 亿 tce[1]，占全国终端能源消费总量的比重为 5.0%，比 2018 年降低 0.2 个百分点；占工业行业耗能量比重为 7.8%，比 2018 年降低 0.3 个百分点。

从用能环节上看，有色金属工业的能源消费集中在冶炼环节，约占行业能源消费总量的 80%。其中，铝工业（电解铝、氧化铝、铝加工）占有色金属工业能源消费量的 80% 左右。

从用能结构上看，有色金属工业以电能为主，2019 年煤炭、石油、天然气、电力、热力及其他能源消费量分别占行业终端能源消费总量的 19.7%、3.0%、5.7%、65.6%、6.0%。

3.2.2 能效提升主要措施

(1) 调整产能布局，制定碳达峰实施方案。

近年来，电解铝行业严控电解铝产能 4500 万 t "天花板" 不放松，严禁以任何形式新增产能，并逐步将产能从我国北部和东部等依托火电的优势地区，向西南等依托水电等清洁能源的优势地区转移，积极推进布局调整和能源结构优化。2020 年电解铝能源消费中可再生能源比重比上年上升 8 个百分点。

2020 年我国有色金属工业二氧化碳总排放量约 6.5 亿 t，占全国总排放量的 6.5%。其中，电解铝二氧化碳排放量约 4.2 亿 t，是有色金属工业实现 "碳达峰" 的重要领域[2]，电解铝行业已经在纳入全国碳交易市场的议程中。《有色金属行业碳达峰实施方案》初步提出，有色金属工业到 2025 年力争率先实现碳达峰，2040 年力争实现减碳 40%。

(2) 推动技术创新及先进技术应用。

在电解铝领域，为实现从追求产量的高极距、高电压工艺路线转向能耗水平更低的低极距、低电压节能工艺路线，研发推广了多项节能新技术，如全

---

[1] 按照发电煤耗法计算。按电热当量法折算，有色金属工业能源消费量约 1.26 亿 tce。

[2] 数据来源于中国有色金属工业协会。

面升级铝电解槽智能控制系统、应用多参数在线监测系统、优化电解质组分及生产工艺、改进预焙阳极结构、异型阴极节能技术等。

便携式槽前过热度即时测量仪的电解铝节能神器研制成功

该测量仪是北京核心动力科技有限公司经过多年努力，在原初晶温度测量设备基础上研制的，适用于电解槽前使用的在线测量设备。采用多传感器测量手段，通过各种算法并举、大数据建模、数字滤波抗干扰技术、相似度比对等措施，达到测量初晶温度特征点（初晶温度）、测量电解质温度（槽温）和计算出过热度的目的。该测量仪使用无线数据连接模式，避免了通常连接方式在电解现场不可靠的情况出现，采用工业手持电脑，使测量仪能够实时记录并保存测量数据，且历史数据可导出，方便各企业建立槽温管理数据库。同时，该测量仪还具备扫描（二维码或条形码）识别槽号、在线升级和在线诊断等功能，还可根据使用需求进一步拓展功能。此外，便携式槽前过热度即时测量仪使用过程和测量电解槽温度时一样简单，其测量探头可重复使用，与普通测温热电偶结构相似，测量一次不到 2min，不仅是电解铝生产中的好帮手，还为企业节能降耗带来了巨大空间。

资料来源：中国有色金属工业协会。

在铜冶炼领域，先进节能工艺技术主要包括烟气制酸系统节能技术、余热回收改造等。针对烟气制酸系统的节能改造主要包括变频控制系统在 KK&K 风机的首次运用、自主研发高二氧化硫浓度转化数学模型提高制酸系统二氧化硫控制浓度、研究开发一种新的复杂废水除砷工艺、发明水冷封闭式 IGBT "高频节能电源"降低电化学整流器的电耗和故障率等，实现了烟气制酸系统吨酸电耗的较大幅度的下降，优化了排放水的水质指标❶。

---

❶ 吴锦龙，江红卫. 铜冶炼烟气制酸系统节能技术研究与应用 [J]. 硫酸工业，2020，4 (4)：48 - 52.

铜冶炼行业能效"领跑者"实践经验

2020 年铜冶炼行业能效"领跑者"为云南铜业股份有限公司西南铜业分公司，铜冶炼单位产品综合能耗优于标准先进值 22%。先进节能做法包括：

一是应用先进节能工艺技术。火法系统艾萨熔炼炉、贫化电炉、吹炼转炉、精炼阳极炉均配备余热锅炉，年有效回收利用余热折合 2.8 万 tce，占外购能源的 30%。实施烟气制酸系统"一转"至"一吸"中间冷却系统余热回收改造，年节能 3330tce。自主开发电解硫酸铜多效真空蒸发技术，充分利用蒸汽余热实现多效蒸发，硫酸铜蒸汽单耗比常压蒸发降低 45%，年节能 1700tce。加强混合矿合理配料，冷热料严格配比，减少设备空转，不断降低综合能耗。

二是强化能源信息化管控。建设能源管理中心，实现电力、压缩空气、蒸汽、水等能源介质全覆盖监测和集中控制，通过优化控制，年节能 3400tce。

三是优化能源结构。实施天然气替代燃煤，天然气消费占比 10%，煤炭消费占比由 40% 下降到 22%，有效减少阳极炉渣量，大幅提升热效率，年节能 6100tce。

四是加强能源管理体系建设。成立节能与低碳领导小组，建立能源管理体系并通过认证，持续改进能源管理绩效，提升能源管理水平。

资料来源：工业和信息化部网站。

(3) 大力发展再生金属产业[1]。

有色金属具有良好的循环再生利用性能，在再生利用和节能减排上的效果

---

[1] 本节数据来源：王吉位. 加强资源保障，为有色金属工业碳减排更大贡献 [J]. 中国有色金属报，2021 - 07 - 16.

也十分显著,再生有色金属产业是有色金属工业发展上的重要趋势。与原生金属相比,再生铜、铝、铅、锌的综合能耗分别只是原生金属的 18%、45%、27% 和 38%。与生产等量的原生金属相比,每吨再生铜、铝、铅、锌分别节能 1054、3443、659、950kgce。

近年来,我国再生有色金属产业规模不断扩大,技术装备水平不断提高。2020 年我国再生有色金属产量达到 1450 万 t,其中再生铜 325 万 t,占精炼铜产量的 32.4%;再生铝产量 740 万 t,占铝产量的 20%;再生铅 240 万 t,占铅产量的 37.25%。部分企业工艺技术装备达到国际先进水平,首套国际先进的再生铝灰处理生产线投产;数字化自动化应用正在加速,部分再生有色金属企业信息化平台和电子系统流程基本实现核心业务全覆盖。

再生金属资源环境效益突出,以再生铝为例,再生铝碳排放仅为电解铝的 2.7% 左右,与生产等量的电解铝相比,2020 年我国再生铝少排放 8066 万 t 二氧化碳。

3.2.3　能效及节能降碳量

2020 年我国铝锭综合交流电耗为 13 186kW·h/t,较 2019 年下降 0.5%;铜冶炼综合能耗为 286kgce/t,远低于世界先进水平,较 2019 年下降 14.6%。2016—2020 年有色金属工业主要产品产量及能耗情况,见表 1-3-2。2020 年,根据当年产量测算,电解铝节能量为 76.1 万 tce,铜冶炼节能量为 4.9 万 tce,减少二氧化碳排放 177 万 t。

表 1-3-2　2016—2020 年有色金属工业主要产品产量及能耗指标

项　目	2016 年	2017 年	2018 年	2019 年	2020 年
十种有色金属产量(Mt)	52.83	53.78	56.88	58.42	61.68
铜	8.44	8.89	9.03	9.78	10.02
铝	31.87	32.27	35.80	35.04	37.08

项　　目	2016 年	2017 年	2018 年	2019 年	2020 年
铅	4.67	4.72	5.11	5.80	6.44
锌	6.27	6.22	5.68	6.24	6.42
用电量（亿 kW•h）	5453	5427	6029	6162	6472
电解铝交流电耗（kW•h/t）	13 599	13 577	13 555	13 257	13 186
铜冶炼综合能耗（kgce/t）	366	359	342	335	286

数据来源：国家统计局；国家发展改革委；中国有色金属工业协会；中国电力企业联合会。

注　综合能耗中的电耗按发电煤耗法折算标准煤，代表全国行业平均水平。

3.3　建筑材料工业

建筑材料工业是重要的原材料及制品工业，与国家经济发展、城乡建设、工农业生产和提高人民生活息息相关，为建筑、交通、水利、农业、国防等产业提供了坚实的物质基础，在国民经济建设发展中起着十分重要的作用。

我国建筑材料行业按照产品划分，主要包括建筑材料及制品、非金属矿物材料、无机非金属新材料，以及建筑材料专用设备等产品类别，形成约有 80 多类，1700 多种产品规格的产品体系。

如果按照产业划分，我国建筑材料行业可分为建材采石和采矿业、建材基础材料产业、建材加工制品业三大类，包括水泥、砖瓦及建筑砌块、石灰石膏、平板玻璃、建筑卫生陶瓷、矿物纤维及制品、砂石黏土开采、建筑用石开采、非金属矿采选、混凝土与水泥制品、新型墙体材料、技术玻璃制造、纤维增强塑料、建筑用石加工、非金属矿制品等 15 个行业，对应着国民经济行业分类中的 30 个中类行业。此外，还包括建筑材料生产专用机械、建材用耐火材料等交叉行业。

3.3.1 行业概述

（一）行业运行

规模以上建筑材料工业主要经济效益指标实现增长。2020 年建筑材料工业规模以上企业完成主营业务收入 5.1 万亿元，比上年增长 0.8%，利润总额 4572 亿元，比上年增长 4.2%。其中，规模以上水泥行业营业收入下降 2.2%，利润总额下降 2.1%，规模以上平板玻璃行业营业收入增长 9.9%，利润总额增长 39.1%。

建筑材料生产稳定，主要产品产量实现增长。2020 年全年，重点监测的 32 种建筑材料产品中，21 种产品产量比上年增长，11 种产品产量比上年下降。其中，全国规模以上水泥产量 23.8 亿 t，比上年增长 1.6%，平板玻璃产量 9.5 亿重量箱，比上年增长 1.3%。2005 年以来全国水泥和平板玻璃产量分别如图 1-3-5 和图 1-3-6 所示。

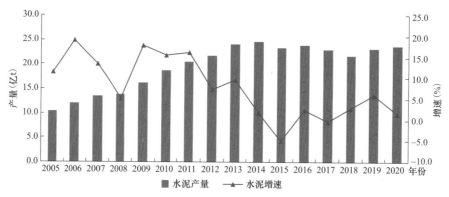

图 1-3-5　2005 年以来我国水泥产量及增长情况

建筑材料产品出厂价格比上年小幅下降。受市场供需影响，2020 年 12 月，我国建筑材料及非金属矿工业出厂价格指数 114.19，比上月上涨 0.6%，比上年下降 1.8%，全年平均出厂价格比上年下降 0.3%。其中，12 月水泥工业出厂价格指数 112.51，比上年下降 8.7%，全年平均出厂价格下降 4.4%，平板玻璃出厂价格指数 123.74，比上年增长 22.9%，全年平均出厂价格增长 10.0%。混凝土与水泥制品、防水建材、轻质建材、黏土和砂石开采、技术玻

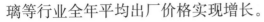

璃等行业全年平均出厂价格实现增长。

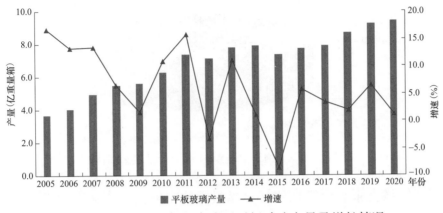

图 1-3-6　2005 年以来我国平板玻璃产量及增长情况

建筑材料工业固定资产投资恢复明显。2020 年非金属矿采选业固定资产投资比上年增长 6.2%，6 月开始恢复增长，非金属矿制品业固定资产投资比上年下降 3.0%，降幅比一季度收窄 21.2 个百分点，3 月以来持续明显。从行业监测情况看，混凝土与水泥制品、墙体材料、建筑用石等行业的产业结构调整和规模化发展仍然是建筑材料工业投资的主要驱动力。

建筑材料及非金属矿商品出口、进口金额降幅继续收窄。2020 年，我国建筑材料及非金属矿商品出口金额 387.5 亿美元，增长 4.1%。水泥制品、建筑技术玻璃、卫生陶瓷、黏土和砂石、建筑用石制品、防水建材、轻质建材等多类商品出口金额实现增长。2020 年建筑材料及非矿商品进口 211.5 亿美元，下降 9.2%。

（二）能源消费

从能源消费规模来看，2019 年建筑材料工业总体能源消费约 3.28 亿 tce，比 2018 年上升 1.6%，主要原因是作为耗能大户的水泥行业熟料产量增加 1 亿 t，带动全行业能耗总量的明显增长。

在主要耗能建筑材料子行业中，水泥行业是最大的耗能单元，能源消耗占建筑材料工业总能耗的 57.6% 左右，总用能达到 1.89 亿 tce；建筑陶瓷行业，能耗总量占建筑材料工业的 13.0%；其他能耗较大的行业还包括烧结砖和石灰，在建筑材料工业的能耗占比分别为 9.9% 和 9.6%，如图 1-3-7 所示。

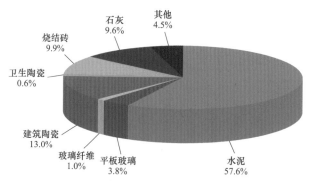

图 1-3-7　2019 年建筑材料子行业能耗结构

从用能结构上来看煤炭在建材总燃料消费中的占比高达 60% 以上，2019 年煤炭、石油、天然气、电力、热力及其他能源消费量分别为 16 978 万、3628 万、2276 万、4622 万、86 万、90 万 tce，分别占行业终端能源消费总量的 61.3%、12.5%、8.3%、16.8%、0.3%、0.3%。

在建筑材料工业子行业中，水泥依然是最主要的耗煤行业，2019 年煤炭消费量达到 1.65 亿 tce，在建筑材料工业中，占比高达 74.1%；石灰行业是建筑材料中的第二大耗煤行业，2019 年煤炭消费在建筑材料工业中占比为 11.2%；烧结砖和建筑陶瓷也有较高的煤炭消费占比，但近年来烧结砖在产量下降、产品结构调整的推动下，对煤炭的消耗逐年减少。建筑陶瓷能源改革力度较大，天然气等清洁能源逐渐占据主体。

建筑材料工业中水泥、平板玻璃、石灰制造、建筑陶瓷、砖瓦等传统行业增加值占建筑材料工业 50%～60%，单位产品综合能耗在 1～6tce 之间，能源消耗总量占建筑材料工业能耗总量的 90% 以上；玻璃纤维增强塑料、建筑用石、云母和石棉制品、隔热隔声材料、防水材料、技术玻璃等行业单位产品综合能耗均低于 1tce，能耗占建筑材料工业能耗总量的 6% 左右。

初步核算，中国建筑材料工业 2020 年二氧化碳排放 14.8 亿 t，比上年上升 2.7%❶。建筑材料工业万元工业增加值二氧化碳排放比上年上升 0.2%，比

---

❶　根据《国民经济行业分类》（GB/T 4754－2017），建筑材料工业所属行业小类 30 个。

2005 年下降 73.8%[1]。此外，建筑材料工业的电力消耗可间接折算约合 1.7 亿吨二氧化碳当量[2]。

3.3.2　能效提升主要措施

（1）水泥行业新工艺。

钢渣/矿渣辊压机终粉磨系统。以辊压机和动静组合式选粉机为核心设备，全部物料为外循环，除铁方便，避免块状金属富集，辊面寿命可达立磨的 2 倍，具有广泛的物料适应性，可以单独粉磨矿渣、钢渣，也可用于成品比表面积小于 700m²/kg 的类似物料的粉磨，系统阻力低，节电效果明显，生产矿渣微粉时，系统电耗小于 35kW·h/t。

邯郸市邦信建筑材料有限公司矿渣粉磨及储存工程（30 万 t/a）项目，技术提供单位为天津水泥工业设计研究院有限公司。该项目为新建项目。

主要实施内容：新建原料输送车间、粉磨车间和成品储存及散装车间，确定以辊压机和组合式选粉机为主机设备的终粉磨系统。改造后，系统年平均电耗仅为 35kW·h/t，年节约电量约 120 万 kW·h，折合年节约标准煤390t，减少二氧化碳排放 1081t/a。该项目综合年效益合计为 1000 万元，总投入为 2600 万元，投资回收期为 2.6 年。预计未来 5 年，推广应用比例可达到 20%，可形成节能 8.72 万 tce/a，减少二氧化碳排放 24.2 万 t/a。

带中段辊破的列进式冷却机。采用区域供风急冷技术并在冷却机中段设置了高温辊式破碎机，经过辊式破碎机，大块红料得到充分破碎，落入到第二段箅床的大部分熟料颗粒的尺寸已经基本控制在 25mm 以内，经过第二段箅床的再次冷却后，以较低的温度排出，热回收效率高，可降低烧成系统热耗，平均

---

[1]　建筑材料工业万元工业增加值二氧化碳排放按 2015 年价格计算。
[2]　依据国际惯例及我国能源和应对气候变化统计有关规定，行业核算不重复原则，电力不计入建筑材料工业排放核算范围。

每吨熟料节约标准煤 2kg。

泰安中联水泥有限公司 5000t/d 新型干法水泥（暨世界低能耗示范线）工程，技术提供单位为南京凯盛国际工程有限公司。国内 5000t/d 生产线平均标准煤在 110kg/tcl 左右，窑头多采用第三代推动箅式冷却机，冷却机余热吨熟料发电量约在 32kW·h，窑头二次风温 1000℃，出冷却机熟料温度平均在 150℃ 左右。

主要实施内容：烧成系统采用"带中段辊破第四代列进式冷却机"技术。年产熟料按照 155 万 t 计，平均生产每吨熟料可节约标准煤 2kg，折合节约标准煤 3100t；吨熟料发电量增加 2kW·h，则每年可节能 1008tce。共计年节约标准煤 4108t，减少二氧化碳排放 1.14 万 t/a。该项目综合年效益合计为 731 万元，总投入为 1950 万元，投资回收期约 2.6 年。预计未来 5 年，推广应用比例可达到 10%，可形成节能 26.6 万 tce/a，减少二氧化碳排放 73.7 万 t/a。

（2）玻璃行业新工艺。

卧式玻璃直线四边砂轮式磨边技术。采用多轴伺服电机联动技术，精确控制各移动部件定位以及磨轮相对于玻璃的移动速度，准确检测玻璃的移动位置以及尺寸，能够同步打磨玻璃每一条边的上下棱边及端面，夹持机构的设置，能有效地减少玻璃自身的震动，可同时完成玻璃的四条边打磨，提升了玻璃棱边加工的效率。

广宇洛玻（北京）工业玻璃有限公司改造项目，技术提供单位为利江特能（北京）设备有限公司。用户用能情况简单说明：广宇洛玻（北京）工业玻璃有限公司自成立以来始终采用相对传统的双边磨磨边玻璃加工方式，产量 600m²/d，功率 45kW，平均每天耗电 720kW·h。

实施内容及周期：在冷加工车间采购并安装卧式玻璃直线四边砂轮式

磨边机 5 台，并采购各目数磨轮 20 个。实施周期 3 天。改造后月节能量可达 2400kW·h，折合年节约标准煤 46.8t，减少二氧化碳排放 1170t/a。该项目综合年效益合计为 24 万元，总投入为 50 万元，投资回收期约 2 年。预计未来 5 年，推广应用比例可达到 10%，可形成节能 3.5 万 tce/a，减少二氧化碳排放 9.7 万 t/a。

浮法玻璃炉窑全氧助燃装备技术。目前我国浮法玻璃生产线有 270 多条，单线产量从 300~1200t/d 不等。以熔化能力每日 600t，燃料为天然气浮法玻璃窑炉为例，日耗天然气量为 $11.0×10^4 m^3$（标况下），日排二氧化碳 238t，二氧化硫为 0.552t，氮氧化物为 0.86t，不仅能耗偏高，也对环境造成了一定程度的污染。目前该技术可实现年节能量 4 万 tce，减少二氧化碳排放约 11 万 t。

山东金晶节能玻璃有限公司，600t/日浮法玻璃生产线。改造双高空分设备、氧气天然气主盘和流量控制盘、0 号枪位置窑炉开孔。主要设备为双高空分设备、氧气燃料流量控制系统、0 号氧枪及配套喷嘴砖等。改造后每年可节能 4200tce，投资回收期 1 年。

(3) 陶瓷行业新工艺。

陶瓷原料连续制浆系统。采用自动精确连续配料、原料预处理系统、泥料/黏土连续化浆系统、连续式球磨方法等关键技术，自动精确连续配料系统能够按设定比例精准控制每种原料的进料比例，实现对每种配比原料连续计重、间歇纠错、自动补偿的功能；原料预处理系统做到以破代磨，提高球磨速度；泥料/黏土连续化浆系统将黏土在研磨介质的作用下进行连续化浆，化浆后的泥浆通过分选机构将各部分分别利用。整个系统可实现自动配料和自动出浆的功能，节能效果显著。原料预处理系统：综合能耗≤4kW·h/t；连续球磨系统：250 目筛余 0.7%~0.9%，料浆产能 85~100t/h，综合能耗≤30kW·h/t。250

目筛余 0.8％～1.2％，料浆产能 95～110t/h，综合能耗≤28kW·h/t。250 目筛余 1.2％～2.5％，料浆产能 130～150t/h，综合能耗≤18kW·h/t；泥料化浆系统：综合能耗≤1.2kW·h/t。

山东名宇陶瓷科技有限公司陶瓷原料节能连续制浆系统工程项目，技术提供单位为广东一鼎科技有限公司。日产量 3000m³，每小时原料泥浆需求 270t。硬质料采用预处理系统进行破碎筛分处理，连续球磨系统采用 2 台 TCM 42 150 连续球磨机。实施周期 4 个月。据统计，该生产线年节约总电量约 309.54 万 kW·h，折合年节约标准煤 1006t，减少二氧化碳排放 2789t/a。该项目综合年效益合计为 710 万元，总投入为 1686 万元，投资回收期约 2.3 年。

（4）商品混凝土行业新工艺。

智能连续式干粉砂浆生产线。运用计算机系统智能控制，根据砂浆配方不同将各种物料按比例连续下料，利用物料的自重，通过特殊设计的动态计量系统、三级搅拌系统及计算机控制系统，实现了连续下料、连续搅拌、连续出料。系统采用光控传感器对系统电机运行情况进行实时监控，传感器将电机运行数据转化为信号发送至系统控制中心，确保系统运行在可控范围之内，保证了产品的质量，提高了整体工作效率。综合能耗≤1kW·h/t。

南通邦顺建材科技发展有限公司项目。技术提供单位为江苏晨日环保科技有限公司。改造后，按生产每吨砂浆可节约用电 4.57kW·h，年产约 48 万 t 砂浆，则年可节约用电 219.4 万 kW·h，折合 746tce，按 0.9 元/（kW·h）工业用电算，节约电费 197.5 万元。该项目投资约 375 万元，投资回收期约 23 个月。预计未来 5 年，推广应用比例可达到 40％，可形成节能 16 万 tce/a，减少二氧化碳排放约 43.2 万 t/a。

3.3.3 能效及节能降碳量

2020 年，水泥、墙体材料、建筑陶瓷、平板玻璃产量分别为 23.5 亿 t、4245 亿块、20 065 万件、9.60 亿重量箱，其中，水泥单位产品能耗比上年下降 0.5kgce/t，平板玻璃比上年降低 0.2kgce/重量箱，砖、卫生陶瓷单位能耗比上年分别下降 0.5、1kgce/t；能耗的变化主要是产品工艺技术及流程的改善。综合考虑各主要建材产品能耗的变化，根据 2020 年产品产量测算，建筑材料工业主要产品能耗及节能量测算见表 1-3-3。

表 1-3-3 2015—2020 年建筑材料工业主要产品产量、能耗及节能量

类别		2015 年	2016 年	2017 年	2018 年	2019 年	2020 年	2020 年节能量 (万 tce)
水泥	产量（万 t）	234 796	240 295	231 625	217 667	237 691	235 314	118
	产品综合能耗 (kgce/t)	125	123	123	121	118	117.5	
砖	产量（亿块）	5414	5698	5302	5008	3982	4245	56
	产品综合能耗 (kgce/t)	49.0	48.2	48.1	48.0	48.5	48.0	
卫生陶瓷	产量（万件）	19 894	20 845	21 790	20 660	21 956	20 065	1
	产品综合能耗 (kgce/t)	630	625	623	623	626	625	
平板玻璃	产量（亿重量箱）	7.39	7.74	7.90	8.69	9.46	9.60	19
	产品综合能耗 (kgce/重量箱)	13.2	12.8	12.4	12.2	12.0	11.8	
合计								194

数据来源：国家统计局；国家发展改革委；工业和信息化部；中国建筑材料联合会；中国水泥协会。

注 一块标准砖重量约为 2.63kg；一件卫生陶瓷重量约为 40kg；产品综合能耗中的电耗按发电煤耗折算标准煤。

2020 年，建筑材料工业综合节能量约为 194 万 tce，约减少二氧化碳排放 537 万 t。

3.4　石油和化学工业

我国石油和化学工业主要包括原油加工和乙烯行业,化工行业产品主要有合成氨、烧碱、纯碱、电石和黄磷。其中,合成氨、烧碱、纯碱、电石、黄磷、炼油和乙烯是耗能较多的产品类别。

在生产工艺方面,**乙烯**产品占石化产品的75%以上,可由液化天然气、液化石油气、轻油、轻柴油、重油等经裂解产生的裂解气分出,也可由焦炉煤气分出,或由乙醇在氧化铝催化剂作用下脱水而成。**合成氨**指由氮和氢在高温高压和催化剂存在下直接合成的氨:首先,制成含 H_2 和 CO 等组分的煤气;然后,采用各种净化方法除去灰尘、H_2S、有机硫化物、CO 等有害杂质,以获得符合氨合成要求的1∶3的氮氢混合气;最后,氮氢混合气被压缩至 15MPa 以上,借助催化剂制成合成氨。**烧碱**的生产方法有苛化法和电解法两种,苛化法按原料不同分为纯碱苛化法和天然碱苛化法;电解法可分为隔膜电解法和离子交换膜法。**纯碱**是玻璃、造纸、纺织等工业的重要原料,是冶炼中的助溶剂,制法有联碱法、氨碱法、路布兰法等。**电石**是重要的基本化工原料,主要用于产生乙炔气,也用于有机合成、氧炔焊接等,由无烟煤或焦炭与生石灰在电炉中共热至高温而成。

3.4.1　行业概述

（一）行业运行

2020 年,石油和化工主要产品产量总体平稳较快增长。其中,原油加工量为6.74亿t,比上年增长3.0%,增速下降4.6个百分点;乙烯产量为2160万t,比上年增长4.9%,增速下降4.5个百分点;烧碱产量为3643万t,比上年增长5.7%,增速上升5.2个百分点;电石产量为2792万t,比上年增长4.5%,增速上升7.6个百分点;纯碱产量为2812万t,比上年下降2.9%,增速下降

10.5 个百分点；化肥总产量（折纯）为 5396 万 t，比上年下降 0.9%，增速下降 4.5 个百分点；合成氨产量为 5117 万 t，比上年增长 4.3%，增速提高 1 个百分点。2012 年以来我国烧碱、乙烯产量情况，如图 1-3-8 所示。

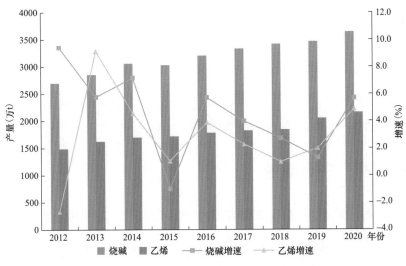

图 1-3-8　2012 年以来我国烧碱、乙烯产量增长情况

2020 年，行业实现恢复性增长，整体效益明显回升。行业全年增加值比上年增长 3.4%，增速比上年下降 1.4 个百分点；全年营业收入 6.57 万亿元，较上年下降 3.6%。全年效益实现显著增长，三季度后利润增长迅速，行业规模以上企业 22 973 家，较上年减少 362 家，全年实现利润总额 4279.2 亿元，较上年增长 25.4%，增速比上年上升 39.1 个百分点。

（二）能源消费

石油和化学工业属于国民经济中高能耗的产业部门。2019 年，石油工业能源消费量达 7430.1 万 tce，化学品工业能源消费量达 53 272 万 tce，合计达 60 702.1 万 tce，占工业能耗的 18.8%，占全国能耗的 12.5%。行业内部的能源消费集中在包括能源市场加工和基本原材料制造的 12 个子行业部门，12 个行业包括原油加工和石油产品制造、氮肥制造、有机化学原料制造、无机碱制造、塑料和合成树脂制造、合成纤维制造等。这些子行业能源消耗之和超过行业总消耗的 90%。

2020 年，石油和化学工业主要耗能产品能源消费情况为：炼油能源消费量达 5934.8 万 tce，比上年增长 3.2%；乙烯能源消费量达 1749.5 万 tce，比上年增长 4.1%；合成氨能源消费量达 7281.4 万 tce，比上年增长 9.4%；烧碱能源消费量达 3090.0 万 tce，比上年增长 3.6%；纯碱能源消费量达 898.7 万 tce，比上年下降 3.3%；电石能源消费量达 858.1 万 kW·h，比上年增长 5.6%；预计 2020 年，石油工业能源消费量达 7632.3 万 tce，比上年增长 3.4%，化学品工业能源消费量达 56 701 万 tce，比上年增长 6.4%。

3.4.2 能效提升主要措施

2020 年，石油和化学工业加快结构调整以适应中央及地方政府政策的节能减排要求，深化行业自律管理，注重行业标准的规范作用及标杆企业的示范作用，积极推广节能技术，有效降低企业能耗。

(1) 推进结构调整。

近几年来，除了规模化聚集加剧了行业竞争，持续的高压环保政策的出台也给中小化工企业带来生存和成本压力，推动我国石油和化学工业的结构调整。2020 年 7 月，《石化和化工行业"十四五"规划指南》指出，"十四五"期间行业将继续贯彻创新、协调、绿色、开放、共享的发展理念，坚持节约资源和保护环境的基本国策，持续推进危化品生产企业搬迁改造，规范化工园区的建设与发展。

地方政府频繁出台政策以推动石化和化工行业的结构调整。江苏省人民政府办公厅公布了《江苏省化工产业结构调整限制、淘汰和禁止目录》（2020 年本），促进化工产业结构调整和优化升级，包括限制类项目 13 大类、淘汰类项目 18 大类、禁止类 5 大类。在化工园区方面，多个省份在 2020 年的相关政策中，再次明确提出禁止新增石油和化工园区。如浙江省发布《加快推进浙江省长江经济带化工产业污染防治与绿色发展工作方案》。方案强调，禁止新增化工园区，禁止在化工园区（化工集聚区）外新建、扩建化工高污染项目，自2020年10月25日起施行。

长江经济带化工行业治理取得积极成效

2016年1月5日，习近平总书记在重庆召开推动长江经济带发展座谈会，定下了"共抓大保护，不搞大开发"的总基调。2018年4月24日，习近平总书记就长江大保护做出重要论述：对于长江来讲，第一位的是要保护好中华民族的母亲河，不能搞破坏性开发；在坚持生态保护的前提下，发展适合的产业，实现科学发展、有序发展、高质量发展。2018年7月25日，工业和信息化部印发《坚决打好工业和通信业污染防治攻坚战三年行动计划》，提出到2020年包括长江经济带11省的重点区域和重点流域重化工业比重明显下降。长江经济带化工行业成为治理重点。

长江经济带沿线各级政府、化工园区和化工企业打响长江保护修复攻坚战，贯彻生态优先理念，坚决整顿落后产能。江苏化工行业整治、清退落后产能的力度空前，自2016年以来，累计关闭化工企业4454家，使企业总数从近7000家降至2341家，化工园区从54家压减至29家。湖北累计完成关改搬转沿江化工任务清单企业410家，其中关闭111家、改造188家、搬迁72家、转产39家，率先超额完成关改搬转第一阶段目标任务。

至2020年底，79%的长江列入搬改关计划的企业已完成了整治任务，其中沿江一千米范围内落后化工产能已全部淘汰。生态环境部指导七个省份出台了化工园区认定管理办法，五个省份认定了146家化工园区，从而进一步规范化工园区的综合评价和开发建设。

在淘汰落后产能的同时，把沿江生态环境整治和修复放在首位，将存量提质增效、增量做优做强，实现产业链高端发展，转变发展观念，长江经济带的化工产业结构发生了转折性变化。经过3年的沿江化企关改搬转，湖北产业结构进一步优化，化工新材料、高端精细化工、生物农药、新型高效化肥等高档次化工产品的比重超过 30％，初级化工原料、高耗能产品产量增幅和比重均大幅下降。在上游，重庆化工行业依托现有产业基础，以天然气甲醇为源头，重点布局聚酯、高端聚烯烃、聚氨酯、聚酰胺、PMMA 五大合成材料产业链。

（2）持续推进行业节能自律管理。

作为化工园区高质量发展的重要环节，标准体系建设工作正在稳步推进。2020 年 7 月，国标《化工园区综合评价导则》正式发布，10 月国标《智慧化工园区建设指南》发布，这 2 项国标均由中国石油和化学工业联合会化工园区工作委员会牵头组织编制，对化工园区的评价、智慧化建设具有重要指导意义。

行业节能减排的标杆及示范作用得到持续强调。2020 年 7 月，石油和化学工业联合会发布 2019 年度石油和化学工业重点耗能产品能效"领跑者"名单，涵盖原油加工、乙烯、对二甲苯等 20 种产品，这也是连续十年发布全行业重点耗能产品能效"领跑者"名单。11 月，石油和化学工业联合会发布 2020 年度石油和化学工业绿色制造名单，认定中国石油化工股份有限公司北京燕山分公司等 45 家企业为 2020 年度石油和化学工业绿色工厂，青岛双星轮胎工业有限公司等 32 家企业申报的轿车子午线轮胎 DH08 夏季轮胎等 157 种产品为 2020 年度石油和化学工业绿色产品，风神轮胎股份有限公司等 2 家企业为行业绿色供应链管理企业。

（3）积极推广节能新技术。

工业和信息化部、石油和化学工业联合会等部委和行业协会都积极推广石化和化工领域节能技术，节能技术在石化和化工企业节能降耗持续发挥着重要作用。例如，**大型清洁高效水煤浆气化技术**，将一定浓度的水煤浆通过给料泵加压与高压氧气喷入气化室，经雾化、传热、蒸发、脱挥发分、燃烧、气化等过程，煤浆颗粒在气化炉内最终形成以 CO、H_2 为主的合成煤气及灰渣，气体经分级净化达到后续工段的要求，灰渣采用换热式渣水系统处理，可实现日处理煤量 3000t，预计未来 5 年，推广应用比例可达到 40%，可形成节能 36 万 tce/a，减少二氧化碳排放 99.81 万 t/a。**高效低能耗合成尿素工艺技术**，全冷凝反应器提高副产蒸汽的品位，分级利用蒸汽及蒸汽冷凝液，降低蒸汽消耗、降低了循环冷却水消耗，适用于合成氨、尿素行业节能技术改造，预计未来 5 年，在行业推广应用可达到 16%，可形成节能 84 万 tce/a，减少二氧化碳排放达 226.8 万 t/a。**钛白粉联产节能及资源再利用技术**，采用钛白粉生产工艺对蒸汽的需求与硫酸低温余热回收生产蒸汽并发电的工艺技术紧密结合进行联合生产，同时将钛白粉与钛矿、钛渣混用技术以及连续酸解的工艺技术、钛白粉生产 20% 的稀硫酸的浓缩技术与硫酸铵及聚合硫酸铁的工艺技术、钛白粉生产系统 20% 的稀硫酸的钪金属的技术、钛白粉生产水洗过程低浓度酸水与建材产品钛石膏的工艺技术等有机联系起来，形式一个联合生产系统，预计未来 5 年，推广应用比例可达到 50%，可形成节能 238 万 tce/a，减少二氧化碳排放 642.6 万 t/a。**硫酸低温热回收技术**，采用高温高浓酸吸收，将吸收酸温提到 180～200℃，硫酸浓度到 99% 以上，然后在系统中用蒸汽发生器替代循环水冷却器，将高温硫酸的热量传给蒸汽发生器中的水产生蒸汽，预计未来 5 年，推广应用比例可达到 30%，可形成节能 65.8 万 tce/a，减少二氧化碳排放 177.66 万 t/a。

3.4.3 能效及节能降碳量

2020 年，炼油、乙烯、合成氨、烧碱、纯碱产品单位能耗分别为 89、830、1423、865、330kgce/t，电石单耗为 3073kW·h/t，见表 1-3-4。相比上年，2020 年炼油、乙烯、合成氨、烧碱、纯碱未实现节能，电石生产节能量为 537.5 万 tce；石油工业未实现节能，增加二氧化碳排放约 218.3 万 t，化学品工业实现节能约 478.3 万 tce，减少二氧化碳排放约 1325 万 t，石油和化学工业合计节能 399.5 万 tce，减少二氧化碳排放 1106.6 万 t。

表 1 - 3 - 4　　　2015－2020 年我国石油和化学工业主要产品产量、能耗及节能量

类　别		2015 年	2016 年	2017 年	2018 年	2019 年	2020 年	2020 年节能量（万 tce）
石油工业能耗（万 tce）		6267.0	6214.8	6675.5	6965.0	7430.1	7795.0	－ 78.8
炼油	加工量（Mt）	522.00	541.00	567.77	603.57	651.98	674.41	－ 51.3
	单耗（kgce/t）	92	91	91	91	88	89	
乙烯	产量（Mt）	17.15	17.81	18.22	18.41	20.52	21.60	－ 27.5
	单耗（kgce/t）	854	842	841	841	817	830	
化学品工业能耗（万 tce）		49 533	49 722	49 356	51 278	53 272	57 074	478.3
合成氨	产量（Mt）	57.91	57.08	49.46	47.19	46.93	51.17	－ 21.8
	单耗（kgce/t）	1495	1486	1463	1453	1419	1423	
烧碱	产量（Mt）	30.28	32.02	33.29	34.20	34.64	36.43	－ 14.5
	单耗（kgce/t）	897	879	862	857	861	865	
纯碱	产量（Mt）	25.92	25.85	27.67	26.20	28.88	28.12	－ 22.9
	单耗（kgce/t）	329	336	333	331	322	330	
电石	产量（Mt）	24.83	25.88	24.47	25.62	25.88	27.92	537.5
	单耗（kW·h/t）	3303	3224	3279	3208	3139	3073	
合计								399.5

数据来源：国家统计局；工业和信息化部；中国石油和化学工业联合会；中国电力企业联合会；中国化工节能技术协会；中国纯碱工业协会；中国电石工业协会。

注　产品综合能耗按发电煤耗折标准煤。

3.5　工业制造业能效及节能降碳量

与 2019 年相比，2020 年钢、电解铝、铜、水泥、卫生陶瓷、砖、平板玻璃、炼油、乙烯、合成氨、烧碱、纯碱、电石等 13 种实现节能量约 1516.5 万 tce，推算工业制造业总节能量约为 1632 万 tce，约减少二氧化碳排放 4400 万 t，见表 1 - 3 - 5。

表 1 - 3 - 5 2020 年工业制造业主要高耗能产品节能量

类别	产品能耗							产量		2020 年节能量（万 tce）
	单位	2015 年	2016 年	2017 年	2018 年	2019 年	2020 年	2020 年	单位	
钢	kgce/t	572	586	571	555	553	545	1053	Mt	842
电解铝	kW·h/t	13 562	13 599	13 577	13 555	13 257	13 186	37.08	Mt	76.1
铜	kgce/t	372	366	359	342	335	286	10.02	Mt	4.9
水泥	kgce/t	125	123	123	121	118	117.5	235 314	万 t	118
卫生陶瓷	kgce/t	630	625	623	623	626	625	20 065	万件	1
砖	kgce/t	49.0	48.2	48.1	48.0	48.5	48.0	4245	亿块	56
平板玻璃	kgce/重量箱	13.2	12.8	12.4	12.2	12.0	11.8	9.6	亿重量箱	19
炼油	kgce/t	92	91	91	91	88	89	674.4	Mt	−51.3
乙烯	kgce/t	854	842	841	841	817	830	21.6	Mt	−27.5
合成氨	kgce/t	1495	1486	1463	1453	1419	1423	51.17	Mt	−21.8
烧碱	kgce/t	897	879	862	857	861	865	36.4	Mt	−14.5
纯碱	kgce/t	329	336	333	331	322	330	28.1	Mt	−22.9
电石	kW·h/t	3303	3224	3279	3208	3139	3073	27.9	Mt	537.5
合计										1516.5

数据来源：国家统计局，《中国统计年鉴 2021》；国家发展改革委；工业和信息化部；中国电力企业联合会；中国钢铁工业协会；中国有色金属工业协会；中国建材工业协会；中国水泥协会；中国陶瓷工业协会；中国石油和化学工业联合会；中国化工节能技术协会；中国纯碱工业协会；中国电石工业协会。

注 1. 产品综合能耗均为全国行业平均水平。

2. 产品综合能耗中的电耗按发电煤耗折标准煤。

3. 1111m³ 天然气＝1toe。

4

建筑领域能源效率及节能降碳

◤◢ 章节要点

我国竣工建筑面积增速下滑。2020 年，竣工房屋建筑面积 38.5 亿 m²，比上年下降 4.4%，连续四年下降；房屋施工规模达 149.5 亿 m²，比上年增长 3.7%。

绿色建筑面积占比不断提升。2020 年城镇新增已竣工绿色建筑面积 16 亿 m²，占当年城镇新建民用建筑比例超过 77%。截至 2020 年底，全国获得绿色建筑标识的项目累计达到 2.47 万个。

建筑节能成效显著，合计实现节能量 2579 万 tce，实现减少二氧化碳排放 0.7 亿 t。2020 年完成改造面积 2 亿 m²。主要节能措施包括提高建筑节能标准、发展绿色建筑、实施既有居住建筑节能改造、推广可再生能源等。截至 2020 年底，全国城镇累计建设绿色建筑面积 66.5 亿 m²。

4.1　综述

4.1.1　行业概述

建筑业增加值逐年增长。2020 年全社会建筑业增加值 72 996 亿元❶，比上年增长 3.5%，增速高于国内生产总值 1.2 个百分点。建筑业增加值占第二产业的 18.99%。自 2011 年以来，建筑业增加值占国内生产总值的比例始终保持在 6% 以上；2020 年再创历史新高，达到了 7.18%，创十年来新高点。建筑从业人数 5427.37 万人，占全社会就业人员总数的 7.01%，以上数据表明建筑业国民经济支柱产业的地位依然稳固，如图 1-4-1 和图 1-4-2 所示。

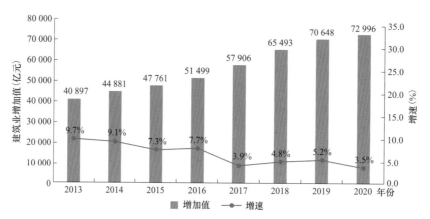

图 1-4-1　近年来全国建筑业增加值变化情况

竣工面积增速持续下滑。2020 年建筑业房屋建筑施工面积 149.5 亿 m^2，比上年增长 3.7%，增速比上年提高了 1.4 个百分点；新开工面积 51.2 亿 m^2，比上年下降 0.52%，增速持续下滑；竣工面积 38.5 亿 m^2，连续四年下降，比上年下降 4.4%。

---

❶　部分数据来源：《中华人民共和国 2019 年国民经济和社会发展统计公报》和《2020 年建筑业发展统计分析》报告。

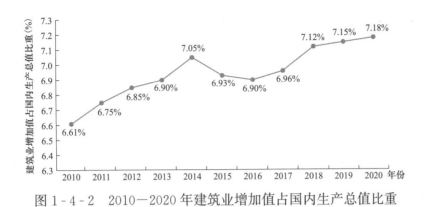

图 1-4-2　2010—2020 年建筑业增加值占国内生产总值比重

住宅竣工面积占比最大。2020 年，从全国建筑业房屋竣工面积构成情况看，住宅面积占最大比重，为 67.3％；厂房及建筑物竣工面积占 12.6％；商业及服务用房竣工面积占 6.7％；其他种类房屋竣工面积占比均在 5％以下。我国房屋新开工面积达 22.4 万 m²。2011—2020 年全国建筑施工、竣工房屋面积及变化情况，见表 1-4-1。

表 1-4-1　2011—2020 年全国建筑施工、竣工房屋面积及变化情况

年份	建筑业房屋建筑面积：施工面积（万 m²）	住宅（万 m²）	施工面积较上年增加（％）	建筑业房屋建筑面积：竣工面积（万 m²）	住宅（万 m²）	竣工建筑面积较上年增加（％）
2011	851 828	388 439	20.3	316 429	71 692	14.0
2012	986 427	428 964	15.8	358 736	79 043	13.4
2013	1 132 003	486 347	14.8	401 521	78 741	11.9
2014	1 249 826	515 096	10.4	423 357	80 868	5.4
2015	1 239 718	511 570	−0.8	420 785	73 777	−0.6
2016	1 264 220	521 310	2.0	422 376	77 185	0.4
2017	1 317 195	536 434	4.2	419 074	71 815	−0.8
2018	1 408 920	569 987	7.0	413 509	66 016	−1.3
2019	1 441 645	627 673	2.3	402 411	68 011	−2.7
2020	1 494 743	—	3.7	384 820	—	−4.4

数据来源：国家统计局。

4.1.2 能源消费

我国建筑存量大，建筑运行能耗约占全国能源消耗总量的 20% 左右。如果加上当年由于新建建筑带来的建造能耗，整个建筑领域的建造和运行能耗占全国能耗总量的比例高达 35% 以上，降低建筑能耗对节能降碳具有重大的意义。

（一）建筑运行阶段分品种能源消费

我国建筑领域煤炭消耗已经进入平台期。2020 年实际煤炭消耗量约为 8.81 亿 t，其中，电力煤炭消耗 5.30 亿 t，所占比重最大，主要由于新建建筑增加、居民用能强度加大、电气化率上升等因素，电力煤炭消耗量呈现逐年上升趋势；北方城镇供暖煤炭消耗 1.86 亿 t，面积供暖虽然有所增长，但供暖煤耗强度略有下降，"煤改气""煤改电"等措施进一步降低供暖煤炭消耗；农村散煤（供暖＋炊事）消耗 1.65 亿 t。

建筑领域用电占比不断提升。受建筑终端用电设备的增加、充电桩普及、清洁取暖推进、电能替代等影响，建筑能源消费结构发生显著变化，电能成为建筑最主要的能源类型之一。建筑用能清洁化、电气化趋势明显，热泵技术成为建筑用能清洁化和电气化的核心技术之一。据统计，2020 年全国建筑部门终端用电量为 21 283 亿 kW·h，呈现不断增长态势。

（二）分建筑类别运行阶段用能情况

（1）北方供暖建筑。

供热占建筑用能四分之一，是建筑节能工作的重要着力点。伴随集中供热面积大幅度增加，集中供热应呈现增长态势，而供热效率提升一定程度上遏制了供热能耗的快速增长。2001—2018 年，北方城镇供热面积增加近两倍，而能耗总量增加却不到一倍，单位面积供热能耗从 2001 年的 23kgce/m²，降低到 2019 年的 14.4kgce/m²[1]。

---

[1] 高红．提高供热能效水平对实现碳达峰碳中和意义重大［J］．中国能源，2021，43（05）：13‐16．

通过提高建筑围护结构保温性能等措施，降低供热量能耗是建筑节能减碳的重要途径。据相关部门统计，我国北方城镇有 152 亿 m² 的供热建筑规模，北方地区城乡建筑供热（包括农村）平均综合能耗约 22kgce/m²。利用清洁能源供暖可促进北方冬季集中供热效率提高，是我国提高北部地区建筑节能的重要领域和途径。截至 2020 年底，北方地区清洁取暖率约达到 65%，京津冀及周边地区，汾渭平原清洁取暖率达到 80% 以上。清洁取暖工程中，部分地区实施了农村建筑能效提升工程，成效显著。

（2）居民住宅建筑。

城镇住宅用能途径包括家用电器、空调、照明、炊事、生活热水等。城镇居住建筑单位面积能耗 12～13kgce/m²，主要商品能源种类是电力、燃煤、天然气、液化石油气和城市煤气等，其中，约 70% 的消费能源为电能。

农村住宅用能途径包括炊事、供暖、降温、照明、热水、家电等。农村居住建筑单位面积能耗约 10kgce/m²，主要能源种类是电力、燃煤、液化石油气、燃气和生物质能（秸秆、薪柴）等❶。随着农村居民生活水平的提升，农村对能源的需求增加，农村用能的"城市化"趋势明显。

（3）公共建筑。

公共建筑能源消费总量为 1.64 亿 tce，能耗约占建筑总能耗的 34%～38%，单位建筑面积能耗 18.48kgce/m²。公共建筑使用的商品能源种类包括电力、燃气、燃油和燃煤等，其中 70% 为电能消费。公共建筑能源消费结构持续优化，电力、煤炭消费占比与 2015 年相比分别提升 1.57%、下降 5.17%❷。

公共建筑用能增长主要归因于建筑规模增长以及服务水平提升，尤其是大体量公共建筑占比增长。这部分建筑的空调、通风、照明和电梯等用能强度远

---

❶ 数据根据中国建筑节能协会发布的《中国建筑能耗研究报告 2020》推算。
❷ 相关数据来源于《"十四五"公共机构节约能源资源工作规划》。

高于普通公共建筑，使得公共建筑单位面积能耗和单位面积碳排放保持持续上升的态势。

（三）建筑施工及拆除阶段能源消费

我国每年城镇住宅和公共建筑竣工面积约 36 亿 m^2，拆除面积约 17 亿 m^2。全国建筑施工阶段能耗约 0.5 亿 tce，产生约 1 亿 t 二氧化碳排放。快速发展的建筑业每年要消耗世界 40％的钢材和水泥，施工扬尘占城市扬尘的 15％～25％以上，建筑垃圾占城市垃圾总量的 1/3 以上，造成垃圾围城以及泥石流滑坡等其他问题。

4.2　能效提升主要措施

2020 年我国建筑领域节能效果明显，所采取的主要能效提升措施包括以下几个方面：

（1）发展绿色建筑。

绿色建筑，在其全寿命期内可节约资源、保护环境、减少污染，为人们提供健康、适用、高效的使用空间，是能最大限度实现人与自然和谐共生的高质量建筑。全国省会以上城市保障性住房、政策投资公益性建筑、大型公共建筑全面执行绿色建筑标准。绿色建筑通过采用 5G、物联网等先进数字技术以及推广高保温材料等方式，可有效优化建筑内电器运行状态并加强保温能力，进而大幅提升建筑电能、热能使用效率。

绿色建筑面积不断扩增。2020 年 7 月国家发展改革委等七部委发布《绿色建筑创建行动方案》，进一步加快绿色建筑普及力度，提出 2022 年绿色建筑面积占比达到 70％。根据《2020 中国绿色建筑市场发展研究报告》数据显示：近年来，我国绿色建筑进入全面、高速发展阶段。在项目数量上，继续保持着规模优势，每年新增项目数量 3500 个左右。截至 2020 年底，全国累计绿色建筑面积达 66.45 亿 m^2。江苏省是我国绿色建筑面积最多的省份，累计绿色建筑面积 8 亿 m^2，其次为广东、浙江和山东❶。截止到 2020 年底，全国获得绿色建筑标识的项目累计达到 2.47 万个，建筑面积超过 25.69 亿 m^2，2020 年当年新建绿色建筑占城镇新建民用建筑比例达 77%。2020 年，河北省城镇绿色建筑竣工 5262 万 m^2，占新建建筑面积的 93.44%，成效显著。部分典型省份推广绿建政策要求见表 1-4-2。

表 1-4-2 部分典型省份推广绿建政策要求

省（市）	简要内容
重庆	实现年度新建城镇建筑执行绿色建筑标准的比例达到 65% 以上，其中新增绿色建筑评价标识项目 1500 万 m^2
北京	到 2020 年底，北京市绿色建筑面积占城镇民用建筑总面积比例达到 25% 以上，绿色建材在新建建筑上应用比例达到 40%
上海	全市新建民用建筑全部执行绿色建筑标准，低碳发展实践区、重点功能区域内新建公共建筑按照二星级及以上标准建设的不得低于 70%
陕西	在绿色生态发展上，城镇新建建筑中绿色建筑占比达到 50%，绿色建材应用比例达到 40%，建设被动式低能耗建筑 20 万 m^2
福建	"十三五"期间，福建省新建建筑 100% 执行强制性节能标准，逐步提升能效水平。所有新建城区均按绿色建筑集中示范区的要求进行规划、设计、施工和运营。在旧城区、棚户区重点实施绿色更新，将绿色建筑集中示范区建设与既有建筑节能改造、市政景观改造相结合，规模化地改善城市核心地段的居住环境
湖北	城镇新建建筑全面执行低能耗标准，县以上城区全面执行绿色建筑标准，新增建筑节能能力达到 75.28 万 tce；发展绿色建筑 1300 万 m^2，城镇绿色建筑占新建建筑比例达到 40% 以上
河北	城市、镇总体规划确定的城镇建设用地范围内的新建民用建筑，全部按照一星级以上绿色建筑标准进行建设。其中，政府投资或者以政府投资为主的建筑、建筑面积大于 2 万 m^2 的大型公共建筑、建筑面积大于 10 万 m^2 的住宅小区，按照二星级以上绿色建筑标准进行建设。雄安新区开展"绿色建筑发展示范区"建设
浙江	到 2020 年，实现城镇地区新建建筑一星级绿色建筑全覆盖，二星级以上绿色建筑占比 10% 以上

---

❶ 数据及观点来源于第十二届中国房地产科学发展论坛上正式发布的《2020 中国绿色建筑市场发展研究报告》。

续表

省（市）	简 要 内 容
山东	县级及以上城市规划建设用地范围内全面执行绿色建筑设计标准，新增绿色建筑 2 亿 m² 以上，二星级及以上绿色建筑比例达到 30％以上。新建城区全部按照绿色生态城区要求进行规划、设计、建设、管理，创建省级绿色生态示范城镇 20 个以上
广东	城镇新建民用建筑全面执行一星级及以上绿色建筑标准，大幅提升二星级及以上绿色建筑和运行阶段绿色建筑比例。"十三五"期间，新增绿色建筑 2 亿 m²
河南	到 2020 年，城镇绿色建筑占新建建筑的比例达到 50％，绿色建材在城镇新建建筑的应用比例达到 40％。"十三五"期间新增绿色建筑面积 5000 万 m²
湖南	到 2020 年，将实现市州中心城市新建民用建筑 100％达到绿色建筑标准，市州中心城市绿色装配式建筑占新建建筑比例达到 30％以上
吉林	2018—2020 年，各地区城镇绿色建筑占新建建筑年度比例分别要达到 30％、40％、50％以上
黑龙江	规定到"十三五"期末，城镇新建建筑全面执行节能设计标准，城镇绿色建筑面积占新建建筑面积比重提高到 50％
辽宁	到 2020 年，城镇绿色建筑占城镇新建建筑面积的比例力争达到 50％。政府投资的公益性建筑和大型公共建筑要全面执行绿色建筑标准

（2）推广超低能耗建筑。

被动式超低能耗建筑通过集成保温、密封和带热回收的环境一体机等系统，常年室内温度保持在 20～26℃，湿度 30％～60％，冬天不用烧煤烧气供暖、夏天不用空调制冷，节能率高达 90％以上。据国家相关部门统计，若我国北方城乡建筑全部采用被动式超低能耗建筑技术建设，每年可节约供暖用煤约 3.5 亿 t，减少二氧化碳排放约 9 亿 t，对助力实现碳达峰和碳中和目标具有较大作用。

被动式超低能耗建筑项目不断增多。据初步统计[1]，我国在建及建成的被动式超低能耗建筑项目超过 700 万 m²，其中大部分项目分布在北京市、河北

---

[1] 张丙瑾，王群章. 发展被动式超低能耗建筑助力实现"双碳"目标 ［N］. 中国建设报，2021-07-05（004）.

省、河南省和山东省，这 4 个省市累计在建及建成超低能耗建筑示范项目 164 个，总面积 567.02 万 m²。其中，北京市被动式超低能耗建筑示范项目共计 32 个，示范面积 66 万 m²；河北省建设被动式超低能耗建筑 67 个，建筑面积 316.62 万 m²；河南省示范项目 12 个，建筑面积约为 78.4 万 m²；山东省示范项目 53 个，建筑面积 106 万 m²。典型省份超低能耗建筑建设情况见表 1-4-3。

表 1-4-3 典型省份超低能耗建筑建设情况

省份	建 设 情 况
河北	截至 2020 年底，河北省共开工建设超低能耗建筑项目 141 个。2020 年新开工被动式超低能耗建筑面积 123 万 m²，累计达到 439 万 m²，居全国第一。预计到 2021 年底，河北省城镇新开工超低能耗建筑面积将达 160 万 m²
山东	自 2014 年开展省级超低能耗建筑示范项目建设以来，山东省共完成示范项目 7 批、59 个，建筑面积达 112.3 万 m²，形成覆盖山东省 16 个地级市的发展格局。其中，青岛中德生态园被动房示范小区与济南汉峪海风二期等项目，按超低能耗建筑住宅区的模式，已实现由点向面的片区划建设
湖北	"十三五"期间，湖北省新增节能建筑面积 3.4 万 m²，新增可再生能源应用建筑面积 11 万 m²，全省绿色建筑面积已达 6951 万 m²，超额完成"十三五"既定目标
吉林	2012 年吉林省对严寒地区近零能耗建筑关键技术进行研究。目前已建成吉林省面积最大的近零能耗建筑示范工程——吉林省建筑科学研究院设计院科研检测基地
海南	海南自贸港首个零碳建筑项目已开工建设

(3) 推进装配式建筑。

装配式建筑在生产、建造、装修、使用、拆除等全生命周期内的各个环节实现减碳，能有效解决传统建筑的高能耗问题。

装配式建筑发展增速较快。2020 年，全国 31 个省、自治区、直辖市和新疆生产建设兵团新开工装配式建筑共计 6.3 亿 m²，较 2019 年增长 50%，占新建建筑面积的比例约为 20.5%，完成了《"十三五"装配式建筑行动方案》确定的到 2020 年达到 15% 以上的工作目标。2020 年，京津冀、长三角、珠三角等重点推进地区新开工装配式建筑占全国的比例为 54.6%，积极推进地区和鼓励推进地区占 45.4%，重点推进地区所占比重较 2019 年进一步提高。其中，上海市新开工装配式建筑占新建建筑的比例为 91.7%，北京市 40.2%，天津市、江苏省、浙江省、湖南省和海南省均超过 30%。2020 年河北省新开工装配式建筑面积 2710 万 m^2，占新建建筑面积的 25.09%。

发展结构更加优化。从结构形式看，新开工装配式混凝土结构建筑 4.3 亿 m^2，较 2019 年增长 59.3%，占新开工装配式建筑的比例为 68.3%；装配式钢结构建筑 1.9 亿 m^2，较 2019 年增长 46%，占新开工装配式建筑的比例为 30.2%。其中，新开工装配式钢结构住宅 1206 万 m^2，较 2019 年增长 33%。截至 2020 年，全国共创建国家级装配式建筑产业基地 328 个，省级产业基地 908 个。构件生产产能和产能利用率进一步提高，全年装配化装修面积较 2019 年增长 58.7%。

（4）不断提高建筑标准。

居住建筑节能率不断提升。在新建建筑节能完成节能 30%、50%、65% 三步走基础上，北方居住建筑节能 75% 标准已经开启征程。2020 年北京市发布了《居住建筑节能设计标准》，提出提高居住建筑节能质量，以世界同类气候地区居住建筑节能设计先进水平为目标，率先将居住建筑节能率由 75% 提升至 80% 以上。

建筑节能标准的要求已经开始转向超低能耗、近零能耗乃至零能耗。超低能耗、近零能耗、零能耗建筑技术标准已颁发，规模化示范超低能耗和近零能耗建筑已在部分地方启动，虽然起步晚于发达国家 20 年，但节能标准已与发达国家水平相当。相关数据显示，随着我国建筑领域的节能减排步伐稳步加快，截至 2020 年底，我国近零能耗建筑面积已达 1200 万 m^2，近零能耗建筑累计竣工超过 1000 万 m^2，认证项目超过 200 个，超额完成了"十三五"既定目标。全国 2021 年 4 月 9 日，国家标准《零碳建筑技术标准》启动，标志着从建筑能耗管理迈向建筑碳排放管理。超低能耗、近零能耗、零能耗建筑的对比分析见表 1-4-4。

表 1 - 4 - 4　　　超低能耗、近零能耗、零能耗建筑的对比分析

类别	简 要 介 绍
零能耗建筑	零能耗建筑，即适应气候特征和自然条件，通过被动式技术手段，最大幅度降低建筑供暖供冷需求，最大幅度提高能源设备与系统效率，充分利用建筑物本体及周边或外购的可再生能源，使可再生能源全年供能大于或等于建筑物全年全部用能的建筑
近零能耗建筑	近零能耗建筑要求充分利用可再生能源，即适应气候特征和自然条件，通过被动式技术手段，最大幅度降低建筑供暖供冷需求，最大幅度提高能源设备与系统效率，利用可再生能源，优化能源系统运行，以最少的能源消耗提供舒适室内环境
超低能耗建筑	超低能耗建筑即是不借助可再生能源，通过主被动技术能达到要求。超低能耗建筑是适应气候特征和自然条件，通过被动式技术手段，大幅降低建筑供暖供冷需求，提高能源设备与系统效率，以更少的能源消耗提供舒适室内环境的建筑

终端用能产品能效标准不断更新。截至 2020 年底，我国共发布建筑相关终端用能产品能效标准 52 项，涉及四大类别产品，其中包括家用电器 21 项、商用设备 10 项、办公设备 6 项、照明器具 15 项。房间空调器节能潜力更大的变频空调市场占比由 2005 年的 54% 提升到 2020 年的 86%。

装配式建筑标准文件相继出台。为保障装配式建筑发展，住房和城乡建设部组织编制《装配式住宅设计选型标准》《装配式混凝土结构住宅主要构件尺寸指南》《住宅装配化装修主要部品部件尺寸指南》等标准及文件。

(5) 实施既有建筑改造。

实施既有建筑改造实现节能。在城镇老旧小区改造领域开展建筑节能专项改造，包含更换节能门窗、修缮屋面保温、增设外遮阳等适宜技术。根据部分地区改造采样数据分析，节能改造后节能率达 20%，最大节能率达到 41.3%。据统计，公共建筑改造平均节能率超过 15%。2020 年完成改造面积 2 亿 m^2。

积极推广城镇老旧小区改造。2020 年《政府工作报告》提出，新开工改造城镇老旧小区 3.9 万个，支持管网改造、加装电梯等，发展居家养老、用餐、保洁等多样社区服务。2019—2020 年中央安排补助资金 1400 多亿元，支持各地改造老旧小区 5.8 万个，惠及居民约 1052 万户。根据住房和城乡建设部网站

数据显示，2020年全国新开工改造城镇老旧小区4.03万个，惠及居民约736万户。2020年全国城镇老旧小区改造进展情况见表1-4-5。

表1-4-5　　　　2020年全国城镇老旧小区改造进展情况❶

（截至2020年12月末）

序号	省份（地区）	新开工改造小区数（个）	惠及居民户数（万户）
1	海南	197	2.19
2	安徽	785	20.88
3	江苏	244	11.58
4	河北	1941	34.26
5	甘肃	1020	17.45
6	山东	1745	50.84
7	内蒙古	1018	13.04
8	北京	181	13.71
9	天津	49	3.24
10	吉林	1948	27.37
11	广西	1476	16.93
12	黑龙江	1147	39.49
13	青海	505	5.09
14	上海	213	26.80
15	辽宁	894	35.86
16	重庆	729	25.11
17	河南	5560	68.24
18	浙江	594	28.46
19	江西	1506	33.16
20	宁夏	265	5.23
21	山西	946	19.53

❶ 数据来源：中华人民共和国住房和城乡建设部官网。

序号	省份（地区）	新开工改造小区数（个）	惠及居民户数（万户）
22	新疆兵团	35	1.79
23	湖南	2258	33.27
24	贵州	360	6.03
25	四川	4221	46.59
26	新疆	1093	19.48
27	福建	1044	19.29
28	广东	420	20.52
29	陕西	2943	36.67
30	云南	2388	18.77
31	湖北	2532	34.52
32	西藏	22	0.33
合计		**40 279**	**735.73**

(6) 在建筑领域应用可再生能源。

我国用于建筑的可再生能源包括农村沼气、地热、太阳能、生物质供热等几个方面。太阳能光热、浅层地热能等技术用于供暖、制热水，可节能降碳。

太阳能光热、太阳能光伏发电、浅层地热能等技术在建筑中得到进一步应用。截至 2020 年，可再生能源技术应用形成年常规能源替代量共计约 6000 万 tce，可再生能源替代民用建筑常规能源消耗比重将超过 6%。根据中国地质调查局有关资料显示，中国 336 个地级以上城市浅层地热能资源年可开采量折合标准煤 7 亿 t，可实现建筑物供暖制冷面积 320 亿 m²。截至 2020 年，生物质清洁供暖面积达到 3 亿 m²，浅层地源热泵供暖制冷建筑面积约 8.58 亿 m²，北方地区中深层地热供暖面积约 1.52 亿 m²。2020 年新增用于供暖的太阳能集热器面积为 245 万 m²，新增建筑供暖面积 1225 万 m²。累计用于供暖的太阳能集热器面积为 330 万 m²，累计建筑供暖面积 1650 万 m^2。2020 年河北省新增可再生能源建筑应用面积 3347 万 m^2，占新增建筑面积的 59.43%，可再生能源建筑应用面积累计达到 34 781 万 m^2。

农村建筑是可再生能源应用的重要场景。农村建筑中可再生能源替代原有秸秆、化石能源的应用优势较大，屋顶光伏产能可供应生活、生产用能，具备实现零能耗的有利条件，国家正在大力鼓励发展屋顶光伏技术。在北方清洁供暖、美丽乡村、新农村建设中，农村建筑已经得到节能提升。

（7）实施智慧用能综合管控。

应用智慧用能综合管控技术。智慧用能综合管控是一种综合技术，利用泛在物联、云计算、边缘计算、大数据、移动通信、智能传感、用能感知控制技等技术，通过能效在线分析、能耗监测、能效分析、能源成本控制、能源运行优化等手段，实现能源精细化管理，提高能源利用效率，降低管理成本，减少浪费，达到节能目的。用能控制系统或者能源管理系统，通过传感器（如安装电量采集终端，温度、流量传感器等）将物理设备及其状态信息实现就地感知与融合，运用云边路由器、多容器技术及优化控制策略，实现低功耗、低延时的就地实时控制。同时，将筛选的设备状态信息及数据上传至云端平台，通过统筹云端大数据智能分析与就地调控策略，将最佳耦合控制执行效果的运行参数进行组合，使各设备协同优化运行，减少或替代传统人工操作，提升系统能效管理和自动化水平。

建设智慧能源网监控平台。通过智慧能源网监控平台，实时监测到区域的用能情况，实时掌握用能设备运行状态和环境参数，了解用户用能需求，规划符合用户用能需求的供能方案。如可利用能源控制器预制的控制策略，自动优化中央空调、照明等设备运行状态，实现系统最优运行和能源的最大化利用。智慧化管控的节能空间较大，部分项目的实践表明，通过智能用能管控，建筑的节能率可提高 40%。

案例 1：上海虹桥商务区核心区，占地面积 4.7km^2，区域内 352 栋、约 550 万 m^2 的公共建筑已实现区域集中供冷供热。虹桥商务区核心区区域集中供能项目建设，包括"3 主 2 辅"共计 5 个能源中心，可满足区域内的全部公共建筑的冷热空调和宾馆酒店生活热水的需求。该区域集中供能系统为整个核心区提供所需冷、热、电，核心区三联供系统的一次能源利用效率可达 81.2%。与传统供能方式相比，该项目年可节约标准煤 3900t，减少二氧化碳排放约 1.02 万 t。

案例 2：湖南步步高公司是大型连锁商超集团。前期一些门店的能源系统存在数据缺乏监测、用能管理无序、能耗浪费等问题。通过在空调系统、冷链系统、照明系统加装传感器、能源控制器，部署能源管理平台，实现了用能智能化、精细化管理。改造后，各系统可实现系统自动优化调节、实时智慧管控，每年可减少 20% 能源消耗，年节约电费约 120 万元。

4.3 建筑能效及节能降碳量

2020 年，全国新建建筑执行强制性节能设计标准形成年节能能力约 1300 万 tce；既有建筑节能改造形成年节能能力约 409 万 tce；高效照明形成节能能力约 870 万 tce。经测算合计，2020 年建筑领域实现节能量 2579 万 tce。根据节能情况，推算减少二氧化碳排放为 0.7 亿 t。

5

交通运输领域能源效率及
节能降碳

章节要点

交通运输行业运输线路长度整体呈现增长态势，客运（货运）周转量比上年均下降。2020 年，铁路、公路、水运、民航、城市客运（不含出租车）里程分别比上年增长 4.3%、3.7%、0.8%、－0.6% 和 10.9%。客运周转量比上年下降 45.5%。其中，铁路、公路、水运和民航客运周转量分别比上年下降 43.8%、47.6%、58.9% 和 46.1%；货运周转量比上年下降 1.3%。其中，铁路、公路、水运货运周转量分别比上年增长 1.1%、0.9% 和 1.8%，民航货运周转量比上年下降 8.7%。

交通运输行业能源消费量保持增长。2019 年，交通运输行业能源消费量约为 4.5 亿 tce，比上年增长 1.3%，占全国终端能源消费量的 12.9%。其中，汽油消费量 10 084 万 t，柴油消费量 10 375 万 t。

交通运输行业积极采取节能减排措施，但受新冠肺炎疫情影响未实现节能。2020 年，交通运输行业进一步加大节能技术应用、优化运输结构、强化节能管理等措施力度，努力提升交通运输业能源利用效率。但受新冠肺炎疫情影响，公路、铁路、水运、航空上座率、货物满载率较低，导致公路、铁路、水运和民航单位换算周转量能耗分别比上年上升 2.1%、12.4%、2.5% 和 10.9%。

5.1 综述

5.1.1 行业概述

中国交通运输行业整体呈现平稳发展，运输方式不断优化调整。铁路、公路、水运、民航、城市客运（不含出租车）里程，2020年，分别比上年增长4.3%、3.7%、0.8%、－0.6%和10.9%，"十三五"期间，分别增长20.7%、13.6%、0.8%、77.3%、65.9%。其中，高速铁路、高速公路、公共汽电车、城市轨道交通增长较为迅速，2020年，分别比上年增长8.6%、7.3%、10.9%和16.7%，"十三五"期间，分别增长100%、29.8%、65.7%和133.3%，见表1-5-1。

表1-5-1 我国各种运输线路长度 万km

项 目	2010年	2015年	2018年	2019年	2020年
铁路营业里程	9.1	12.1	13.2	14.0	14.6
其中：电气化铁路	3.3	7.5	9.2	10.0	10.7
高速铁路	0.51	1.9	3.0	3.5	3.8
公路里程	400.8	457.7	484.7	501.3	519.8
其中：高速公路	7.4	12.4	14.3	15.0	16.1
内河航运里程	12.4	12.7	12.7	12.7	12.8
民用航空航线里程	276.5	531.7	838.0	948.2	942.6
城市客运（不含出租车）	63.9	89.8	120.4	134.2	148.9
其中：公共汽电车	63.4	89.43	119.9	133.6	148.2
城市轨道交通	0.1	0.3	0.5	0.6	0.7
城市客运轮渡	0.4	0.06	0.04	0.04	0.03

数据来源：国家统计局，《中国统计年鉴2021》《中国能源统计年鉴2020》《2020年国民经济和社会发展统计公报》《2020年交通运输行业发展统计公报》。

2020 年，受新冠疫情影响，客运、货运周转量比上年均下降。客运周转量整体比上年下降 45.5%。其中，铁路、公路、水运、民航客运周转量分别比上年下降 43.8%、47.6%、58.9% 和 46.1%，货运周转量整体比上年下降 1.3%，其中，铁路、公路、水运货运周转量分别比上年增长 1.1%、0.9% 和 1.8%，民航货运周转量比上年下降 8.7%，见表 1-5-2。

表 1-5-2   我国交通运输量、周转量和交通工具拥有量

项　目		2010 年	2015 年	2018 年	2019 年	2020 年
运量	客运（亿人）	327.0	194.3	179.4	176.0	96.7
	铁路	16.8	25.3	33.7	36.6	22.0
	公路	305.3	161.9	136.7	130.1	68.9
	水运	2.2	2.7	2.8	2.73	1.5
	民航	2.7	4.4	6.1	6.6	4.2
	货运（亿 t）	324.18	417.6	515.3	471.4	464.4
	铁路	36.43	33.6	40.3	43.9	45.5
	公路	244.81	315.0	395.7	343.5	342.6
	水运	37.89	61.4	70.3	74.7	76.2
	民航	0.06	0.06	0.07	0.08	0.07
周转量	客运（亿人·km）	27 894	30 059	34 218	35 349	19 251
	铁路	8762	11 961	14 147	14 707	8266
	公路	15 021	10 743	9280	8857	4641
	水运	72	73.1	79.6	80.2	33.0
	民航	4039	7283	10 712	11 705	6311
	货运（亿 t·km）	141 837	178 356	204 686	199 394	196 761
	铁路	27 644	23 754	28 821	30 182	30 514
	公路	43 390	57 956	71 249	59 636	60 172
	水运	68 428	91 773	99 053	103 963	105 834
	民航	178.9	208.1	262.5	263.2	240.2

续表

项　　目	2010 年	2015 年	2018 年	2019 年	2020 年
民用汽车拥有量（万辆）	7802	16 284	23 231	25 376	28 087
其中：私人汽车（万辆）	5939	14 099	20 575	22 509	24 393
铁路机车拥有量（台）	19 431	21 366	21 482	21 733	21 865
其中：电力机车	8369	12 219	13 166	13 665	13 841
民用机动船拥有量（万艘）	15.56	14.97	12.58	12.14	12.68
民用飞机期末拥有量（架）	2405	4554	6134	6525	6795
公共汽电车（万辆）	42.1	56.2	67.3	69.3	70.4
轨道交通配属车辆（辆）	8225	19 941	34 012	40 998	49 424
巡游出租汽车（万辆）	122.6	139.3	138.9	139.2	139.4
城市客运轮渡船舶（艘）	1192	310	250	224	194

数据来源：国家统计局，《中国统计年鉴 2021》《2020 年国民经济和社会发展统计公报》《2020 年交通运输行业发展统计公报》。

5.1.2　能源消费

随着近年来交通运输能力的持续增强和交通运输规模的不断扩大，交通运输行业能源消费量呈现快速增长态势，能耗主要以汽油、煤油、柴油、燃料油等油耗为主，电能消费比重相对较低。2019 年，交通运输领域能源消费量约为 4.53 亿 tce，比上年增长 1.3%，占全国终端能源消费量的比重为 12.9%，比上年上升 3.7 个百分点。其中，分品种来看，汽油消费量 10 084 万 t，柴油消费量 10 375 万 t，二者占交通运输终端能源消费量的比重为 66.2%，占比下降 3.4 个百分点。电力消费量 1836 亿 kW·h，占交通运输终端能源消费量的比重为 5.0%，占比上升 0.6 个百分点。整体来看，我国交通用能占全社会终端用能的比重仍将呈现上升态势，但能源品种结构将不断优化调整。2019 年我国交通领域分品种能源消费量及占比，如表 1-5-3、图 1-5-1 和图 1-5-2 所示。

表 1-5-3 我国交通运输业分品种能源消费量

品 种		2010 年		2017 年		2019 年	
		实物量	标准量	实物量	标准量	实物量	标准量
石油 （万 t， 万 tce）	汽油	4476	6587	9537	14 033	10 084	14 838
	煤油	1601	2356	3463	5095	3689	5428
	柴油	9313	13 570	11 721	17 079	10 375	15 117
	燃料油	1327	1896	1796	2566	2025.31	2893
液化石油气		72	123	123	211	156.5	268
电（亿 kW·h，万 tce）		577	709	1608	1976	1836	2256
天然气（亿 m³，万 tce）		107	1402	286	3747	341.48	4473
总计（万 tce）			26 642		44 707		45 274

注 1. 1t 液化天然气＝725m³ 天然气，1t 压缩天然气＝1400m³ 天然气，1t 液化石油气＝800m³ 天然气。

2. 汽油、柴油消费量涵盖生活用能中的私家轿车、私家货车等用能；电力消费量涵盖生活用能中的私家电动汽车、公务电动汽车、低速电动车用电量。

3. 数据来源：《中国能源统计年鉴 2020》，中国汽车工业协会；中国汽车技术研究中心；国家电网有限公司。

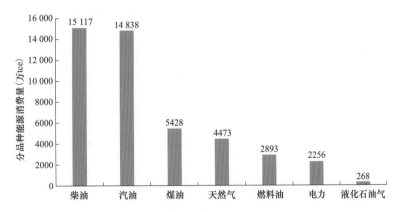

图 1-5-1 2019 年我国交通运输行业分品种能源消费量

（一）公路

我国公路运输交通工具主要以民用车、私家车、营运车辆等道路汽车为主，主要消耗能源为汽油和柴油，以及少量的天然气、液化石油气和电能。

从**单位运输周转量能耗**来看，2020 年，受新冠疫情影响，客车上座率偏

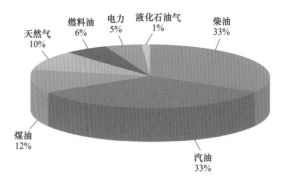

图 1 - 5 - 2　2019 年我国交通运输行业分品种能源消费量占比

低，公路单位运输周转量能耗为 392kgce/（万 t·km），较上年上升 2.1％，"十三五"期间下降 9.0％；**从监测企业单耗来看**，2019 年，公路班线客运企业每千人公里单耗 13.1kgce，下降 10.3％，百车公里单耗 26.8kgce，下降 7.9％。公路专业货运企业每百吨公里单耗 1.7kgce，下降 15.0％；**从重点产品单耗来看**，我国乘用车新车平均油耗持续下降，2019 年，我国传统能源乘用车平均油耗为 6.46L/（100km），乘用车新车（含新能源汽车）平均油耗为 5.56L/（100km），汽油机热效率逐步靠近 40％的国际先进水平；我国商用车节能相对缓慢，2019 年重型柴油热效率约为 46％，低于 2020 年 50％的目标值。

整体来看，2020 年，公路换算周转量占比❶为 29.3％，占比比上年上升 0.6％，公路运输能耗较高且换算周转量较大，是驱动交通运输能耗增长的主要运输方式。

（二）铁路

我国铁路运输交通工具目前主要包括内燃机车和电力机车，主要消耗能源为柴油和电力。

从单位运输周转量能耗来看，受新冠疫情影响，客车上座率偏低，使得能耗水平上升，2020 年，铁路单位运输周转量能耗为 44.3kgce/（万 t·km），较上年上升 12.4％，"十三五"期间下降 5.1％；**从重点产品单耗来看**，电力机车

---

❶ 指占四种交通运输方式总和的比重。

占比逐年攀升且已占据主导地位。从电力机车综合电耗来看，2020年，电力机车综合电耗为100.9kW·h/（万t·km），与上年基本持平，"十三五"期间减少0.3kW·h/（万t·km）。

整体来看，2020年，铁路换算周转量占比❶为18.8%，占比比上年下降2.5%。铁路能耗较低，受疫情影响，换算周转量暂时下降，但整体看，呈现公路运输向铁路转移趋势，是优化铁路运输结构、提升节能水平的重要途径。

（三）水运

我国水路运输包括内河（含运河和湖泊）、沿海和远洋运输，水路运输以货运为主，客运较少。交通工具主要以船舶为主，主要消耗能源为柴油。

从**单位运输周转量能耗**来看，2020年，受新冠疫情影响，海运货运量明显下降，满载率较低，水运单位运输周转量能耗为36.8kgce/（万t·km），较上年上升2.5%，"十三五"期间下降2.0%；**从监测企业单耗来看**，2019年，水路远洋和沿海货运企业每千吨海里单耗4.8kgce，增长17.1%；港口企业每万吨单耗2.1tce，下降8.7%。

整体来看，2020年，水路换算周转量占比❷为51.4%，占比比上年上升2.0%。水运能耗较低，呈现公路运输向水运转移趋势，是优化水路运输结构、提升节能水平的重要途径。

（四）民航

我国航空运输交通工具为飞机，民航运输以客运为主，货运较少，主要消耗能源为航空煤油。

从**单位运输周转量能耗**来看，受新冠疫情影响，客运上座率偏低，使得能耗水平上升。2020年，民航单位运输周转量能耗为4649kgce/（万t·km），较上年上升10.9%，"十三五"期间下降9.8%；从**其他单耗**来看，2020年，中国民航油耗为0.316kg/（t·km），较2005年（行业节能减排目标基年）下降

---

❶ 指占四种交通运输方式总和的比重。

❷ 指占四种交通运输方式总和的比重。

7.1%，机场每客能耗较"十二五"末（2013—2015 年）均值上升约 2.7%。

整体来看，2020 年，民航换算周转量占比❶为 0.4%，占比比上年下降 0.1%。民航运输换算周转量占比较低但能耗较高，也成为拉动交通运输能耗增长的因素。

（五）城市客运

城市公共交通主要承担城市客运工作。交通工具包括城市公交、城市轨道交通、城市内的巡游出租车及客运轮渡，主要消费能源为电、柴油、汽油。

截至 2020 年，全国拥有公共汽电车 70.4 万辆，较上年增长 1.6%，按车辆燃料类型划分，柴油车、天然气车、纯电动车、混合动力车占比分别为 13.9%、18.2%、53.8%、12.4%，较上年分别增长−3.5%、−3.3%、7.0%、0.1%，其中，柴油车、天然气车占比在"十三五"期间分别下降 31.2%和 14.3%，电动汽车增长迅速；轨道交通配属车辆 49 424 辆，较上年增长 20.6%；拥有巡游出租汽车 139.4 万辆，较上年增长 0.1%，拥有城市客运轮渡船舶 194 艘，较上年下降 13.4%。

从监测企业单耗来看，2019 年，监测的城市公交企业每万人次单耗 1.5tce，与上年持平；百车公里单耗 38.1kgce，下降 8.6%。

整体来看，随着纯电动汽车、公共轨道交通的快速发展，城市客运能源消费结构进一步优化，能效水平得到快速提升，将是未来城市客运发展的主要方向。

5.2 能效提升主要措施

（一）公路

公路交通能效提升主要路径包括技术、结构、管理三大方面途径，其中，

---

❶ 指占四种交通运输方式总和的比重。

技术提升路径主要包括车辆技术水平提升及信息技术应用。具体包括节能汽车、纯电动和插电式混合动力汽车、氢燃料电池汽车、智能网联汽车、汽车动力电池、新能源汽车电驱动总成系统、充电基础设施、汽车轻量化、汽车智能制造与关键装备等技术创新突破；**结构提升路径**主要包括运输结构优化及车辆能源结构调整，具体是指将大宗货物运载量由公路运输向水路和铁路运输转移，由于公路运输周转量能耗分别是铁路和水运的 9 倍和 11 倍，通过货运量的转移可大幅降低整个交通运输行业能耗水平；**管理提升路径**主要包括车辆通行管理、驾驶员节能驾驶水平等运输组织管理水平等方面的提升。

(1) 优化公路运输结构。

加快推进大宗货物和中长距离运输的"公转铁""公转水"，大力发展多式联运，提升集装箱铁水联运和水水中转比例，开展绿色出行创建行动，提高绿色出行比例。从不同运输方式能耗强度来看，铁路、航空、公路、水运运输的单位周转量能耗强度差别很大，运输结构对能耗的影响明显。公路单位运输换算周转量能耗约为铁路、水运的 10 倍和 11 倍，因此，通过运力结构转移可大幅减少公路运输能耗，提升交通运输整体能效。

(2) 大力推广新能源汽车。

截至 2020 年全年中国新能源汽车产销量累计分别完成 136.6 万辆和 136.7 万辆，累计分别增长 7.5％和 10.9％，增速较上年实现了由负转正。其中，纯电动汽车产销分别完成 110.5 万辆和 111.5 万辆，占比分别为 80.89％和 81.57％；插电式混合动力汽车产销分别完成 26 万辆和 25.1 万辆，占比分别为 19.03％和 18.36％❶。

(3) 推动汽车节能技术持续提升。

高压缩比 (12 - 13) ＋米勒循环＋变排量附件＋低摩擦技术等先进节能技术。在汽车行业大量应用该综合类技术，促进汽油机热效率逐步靠近 40％的国

---

❶ 数据来源：中国汽车工业协会。

际先进水平，自动变速器占比达 70％以上，70 CT 和 8 AT 相继量产；CVT 方面，CVT 180/CVT 250 相继量产❶。

纯电动汽车技术水平和产品竞争力全面提升。电动汽车整车能耗、续驶里程、智能化应用等综合性能实现全面进步，产品竞争力显著提升，动力电池技术和规模进入世界前列，驱动电机与国外先进水平同步发展，充电设施建设初步满足发展要求，智能充电、V2G 等前瞻性技术进入示范测试阶段。

氢燃料电池汽车加快进入示范导入期。氢燃料电池客车续驶里程、百公里氢耗量、最高车速等，商用车燃料电池系统额定功率、功率密度、冷启动温度、寿命等，均实现或超额完成 2020 年目标；商用车燃料电池系统多项技术指标与国际先进技术水平同步；实现了电堆、压缩机、DC/DC 变换器、氢气循环装置等关键零部件的国产化。

大比例掺量废旧沥青混合料再生技术。将废旧沥青路面材料（RAP）在沥青拌和厂（站）破碎、筛分，通过添加高性能生剂、抗剥落剂等材料进行再生，生成的混合料满足施工要求。适用于公路养护、新建及改扩建工程，国省及以下等级干线公路的新建、改扩建和大中修工程，应用层位主要为沥青混合料的中下面层。

以大比例掺量废旧沥青混合料再生技术的某交通公司为例，该公司将再生技术应用于城市道路的中下面层，铺筑规模 50km，实现节能量每年 6.13kgce/t，减少二氧化碳排放达到每年 15.94kg/t。

(4) 提高公路工程资源节约水平。

明确公路工程项目节能原则与标准。2020 年 5 月，交通运输部发布了《公路工程节能规范》（JTG/T 2340－2020），首次系统提出了公路领域全面的节能要求，涵盖设计、施工、养护、运营各个环节。提出了全寿命周期的节能理

---

❶　中国汽车工程学会，节能与新能源汽车技术路线图 2.0。

念，涵盖公路工程全寿命周期的工可、设计、施工、运营及养护各阶段，考虑了工程项目自身特点、土建工程特性、机电信息化特性、养护管理需求及社会用户需求，提出全寿命周期整体有效的节能要求。

（二）铁路

铁路运输能效提升主要路径包括技术、结构、管理三大方面途径，其中，**技术提升路径**主要包括提升营运车辆技术水平。具体包括重载列车轻量化、研发新型节能机车等；**结构提升路径**主要为推广电气化铁路，实现铁路用能结构的优化，在牵引动力上引入新能源和可再生能源替代技术。同时，提升运力结构优化，提高绿色铁路承运比重；**管理提升路径**主要包括提高铁路信息化水平，加强车辆运输管理调度等。

(1) 优化铁路运输结构。

提升电气化铁路比重。 电气化铁路作为现代化的运输方式，可以把对燃油的直接消费转变为对煤和水资源的间接消费，直接排放接近于零，具有技术和经济优越性。因此，电气化铁路是构建节能铁路运输结构的重要措施，近年来在我国得到了快速发展。截至 2020 年底，全国电气化铁路营业里程达到 10.7 万 km，比上年增长 7.0%，电化率 72.8%，比上年提高 0.9%❶，进一步优化了铁路结构，减少能源消耗。

移动装备。 截至 2020 年底，全国铁路机车拥有量为 2.2 万台。其中，内燃机车 0.8 万台，占 36.4%；电力机车 1.38 万台，占 62.7%，比上年提高 0.4 个百分点。全国铁路客车拥有量为 7.6 万辆，其中，动车组 3918 标准组、31 340 辆，比上年增长 253 标准组、2021 辆。全国铁路货车拥有量为 91.2 万辆。

(2) 推广应用节能技术。

机车永磁同步牵引技术。 永磁同步牵引系统是机车的动力系统，由永磁电机、牵引变流器、网络控制器等组成，永磁电机主要负责传达动力，完成电能

---

❶ 国家铁路局《2020 年铁道统计公报》。

到机械能的转变，带动列车平稳行驶。与其他牵引系统相比，永磁同步牵引系统关键在于采用永磁电机，永磁电机与传统交流异步电机的最大区别在于其励磁磁场是由永磁体产生的，不存在转差。由于异步电机需要从定子侧吸收无功电流来建立磁场，因而用于励磁的无功电流导致损耗增加，降低了电机效率和功率因数；永磁电机则有效减少了该部分的能耗，体积更小，功率因数更高，质量更轻，因此更加节能。

机车牵引供电系统制动能量回馈技术。机车牵引供电系统制动能量回馈技术也可称之为机车再生制动能量回收利用技术，是电力机车在制动时控制牵引电机的输出转矩与电机的转速方向相反，从而使牵引电机工作在发电状态，并将此时电机产生的电能返送回接触网或由其他牵引车辆所吸收。该技术在列车制动时可将原本消耗到车载或地面制动电阻上的列车制动能量回馈到35kV/10kV 等交流公用电网，供给交流公用电网中的其他牵引车辆或其他用电设备使用，实现能量回收再利用。结合储能装置，反馈到电网的能量可以在客运站的储能装置进行储存，需要时供给车站内耗能设备使用。大部分机车的再生制动能量占机车牵引能耗的 30% 左右，因而该项技术的节能效果较为可观。

（3）加强铁路节能管理。

推行客站合同能源管理模式。合同能源管理即节能服务公司为用能单位提供节能诊断、方案设计、融资、改造等，并以节能效益共享等多种方法收回出资和获得合理赢利。合同能源管理将上下游企业联系到一起，在整合优化链条基础上，有效降低了节能成本，也增加了铁路在节能意识上的积极性，同时提升了铁路相关部门的运作效率和价值。

促进新型技术装备以及再生能源的利用。2020 年中国国家铁路集团有限公司印发《新时代交通强国铁路先行规划纲要》，提出推广应用新型节能材料、工艺、技术和装备，在铁路站房建设中采用太阳能等清洁能源、地源热泵等新工艺。优化铁路用能结构，提升能源综合使用效能，淘汰高耗低效技术装备，推广使用能源智能管控系统，使铁路建设运营向绿色、环保方向发展。

（三）水运

水路运输能效提升主要路径包括技术、结构、管理三大方面途径，其中，**技术提升路径**主要包括海洋领域生物燃料、氢燃料、电气化等技术的创新和应用，船舶设计制造技术水平，在用船舶技术状况，船用节能产品，航运信息化水平及辅助设施的技术状态等；**结构提升路径**主要包括航道技术等级结构、船舶运力结构和能源消费结构等；**管理提升路径**主要包括航速管理、船舶载重量利用率、航运物流组织化、辅助用能管理和船员素质等。部分典型措施如下：

(1) 推动内河航运绿色发展。

2020 年 6 月，交通运输部印发了《内河航运发展纲要》，提出建设干支衔接江海联通的内河航道体系、打造集约高效功能协同的现代化港口、构建经济高效衔接融合的航运服务体系、践行资源节约环境友好的绿色发展方式、构筑功能完善能力充分的航运安全体系、强化创新引领技术先进的航运科技保障、传承弘扬历史悠久内涵丰富的航运文化、构建多方共建共治共享的现代行业治理体系共 8 条发展任务，推动航运业以高质量发展为导向，科学开发利用和保护内河航运资源。

(2) 推进港口岸电建设。

2021 年 7 月，交通运输部、国家发展改革委、国家能源局、国家电网有限公司联合印发《关于进一步推进长江经济带船舶靠港使用岸电的通知》（以下简称《通知》），具体包括协同推进船舶和港口岸电设施建设、进一步降低岸电建设和使用成本、强化岸电建设和使用监管、优化提升岸电服务水平等内容。《通知》提出，力争到 2025 年底前，长江经济带船舶受电设施安装率大幅提高，港口和船舶岸电设施匹配度显著提升，岸电使用成本进一步降低，岸电服务更加优质，岸电监管进一步强化，基本实现长江经济带船舶靠港使用岸电常态化。港口岸电的普及可有效减少船舶废气和大气污染。

以大连港为例❶，50% 以上的集装箱专业化泊位具备岸电供电设施，经改造，可形成燃料替代能力近 9000t，二氧化碳减排能力近 3 万 t。

（3）推广节能技术应用升级。

建造智能研究与实训两用船。该船是智能船舶的一个试验平台，依托该船可进行船舶智能航行技术与系统研究、船舶远程监控与岸基支持研究、船舶智能通信技术研究、船舶智能运维技术研究等方面的研究，推动航运业智能化发展，大幅度提升节能水平。

可变螺距螺旋桨船舶节油技术系统应用。可变螺距螺旋桨船舶利用该系统能够实时根据航速、吃水、海况等工况自动优化主推进柴油机和螺旋桨匹配，使主机和螺旋桨达到最佳效率，大幅降低油耗。该技术适用于新建及在用可变螺距螺旋桨船舶，节能量大概可达到每艘 1020tce/年。

集装箱码头自动导引车（AGV）动力系统及分布式浅充浅放循环充电技术。采用全电动驱动的 AGV 替代传统柴油集装箱卡车，建立分布式浅充浅放循环充电系统，兼顾充电及集装箱作业，提高工作效率，减少能源消耗及污染物排放。

（4）提高航道整治管理水平。

运用 BIM 技术加强航道整治。应用 BIM 技术，在航道整治工程的规划、设计、施工、运营等各阶段，结合物联网、大数据等处理技术，实现工程建设各阶段信息共享，使各专业设计协同化、精细化，全周期项目成本明细化、透明化，施工质量可控化，工程进度可视化，做到施工过程的精细化管理，提高工程建设全过程管理效率，减少能源消耗。

（四）航空

航空运输能效提升主要路径包括技术、结构、管理三大方面途径，其中，

---

❶　罗兰贝格交运物流团队，《港口行业碳达峰与碳中和行动策略与路径初探》，2021 年。

技术提升路径主要包括推广应用桥载设备替代飞机 APU、机场廊桥岸电技术、航空发动机减重技术等；**结构提升路径**的关键是航空能源结构的调整，包括研发并推广使用生物航煤；**管理提升路径**主要包括提高飞机运输效率、优化调度临时航线、信息化技术的应用等。部分典型措施如下：

(1) 优化航空线路。

2020 年，民航企业共有 28.97 万架次航班使用临时航路，缩短飞行距离 1232 万 km，节省燃油消耗 6.65 万 t，减少二氧化碳排放约 20.95 万 t。

(2) 加强清洁能源的替代。

截至 2020 年，机场场内电动车辆设备约 6700 台，充电设施 3300 个，电动车辆占比约 16.3%；全国年旅客吞吐量超过 500 万人次以上机场飞机 APU 替代设备实现"应装尽装""应用尽用"。

机场能源清洁化水平稳步提升，电力、天然气、外购热力占比达到 86.8%，太阳能、地热能等清洁能源占比约 1.0%。

(3) 加强节能投资及管理。

截至 2020 年，民航打赢蓝天保卫战项目累计 103 个，总投资约 29 亿元，累计节省航油 40 余万 t，相当于减少二氧化碳排放约 130 万 t，减少各种空气污染物约 4800t。

2020 年，会同香港特别行政区和澳门特别行政区民航管理部门，高质量完成 2019 年度我国航空飞行活动二氧化碳排放监测、报告和核查工作。

（五）公共交通

公共交通能效提升主要路径包括技术、结构、管理三大方面途径，其中，**技术提升路径**主要包括加新能源汽车技术研发、轨道交通牵引技术的改进、电气化、氢能等技术的研究应用；**结构提升路径**主要为加大地铁等轨道交通运输比例，将公交车、出租车客运量向轨道交通转移，增加充电、加氢、加气和公交站点，提升新能源在公共交通工具的替代；**管理提升**路径优化线路管理、加强信息化技术的应用等。部分典型措施如下：

（1）推动城市客运电气化转型。

提升城市轨道交通、电动公交车、电动汽车等电气化运输工具的推广应用。截至 2020 年，我国拥有城市轨道交通配属车辆 49 424 辆，较上年增长 20.6%。纯电动汽车占公共汽电车的比例达 53.8%，较上年增长 7.0%，城市客运电气化水平提升较快。

（2）推动公民绿色出行方案实施。

绿色出行也是推动减碳的重要手段。相较于私家车出行，公共交通能够有效减少人均交通碳排放。近年来，各地交通部门纷纷落实"公交优先"发展战略，加大供给，优化线路，智能调度，同时，通过大数据提供更精准的公交查询，鼓励和吸引公众更多地选择绿色出行方式，尽可能减少能源消耗。

（3）加强智慧化管理。

加强互联网等技术在城市客运方面的应用，持续提升地铁、轻轨、城轨、公交的智慧化程度。以山东为例，一是构建"1+1+3+N"智慧交通体系。建设一个指挥中心、一个大数据中心、三个综合管理平台和 N 个行业管理应用系统，动态监控全市 3.9 万辆出租车及网约车、6500 余台公交汽车、2300 余辆长途客车和 1100 余辆危险品运输车辆，实现全息感知、预测预警。依托航拍影像数据，建立覆盖 6500km、1900 条道路的规划建设档案，实现道路承载力、土地利用与交通拥堵多源数据智能分析。二是行业运行全管控。建成智慧交通 5G 指挥中心，实现全市交通运行监测预警、安全应急调度指挥、行业管理决策分析、公众出行信息服务"一屏总览"。通过智慧化管理，推进"最后一公里"问题的解决。

5.3　交通运输能效及节能降碳量

2020 年，受新冠肺炎疫情影响，公路、铁路、水运、航空上座率、货物满载率较低，导致单位换算周转量能耗升高，公路、铁路、水运、民航单位运输换算周转量能耗分别为 392、44.3、36.8、4649kgce/（万 t·km），分别比上年上升 2.1%、12.4%、2.5% 和 10.9%。2005—2020 年我国四种交通运输方式换算周转量、运输周转量能耗如图 1-5-3 和图 1-5-4 所示。

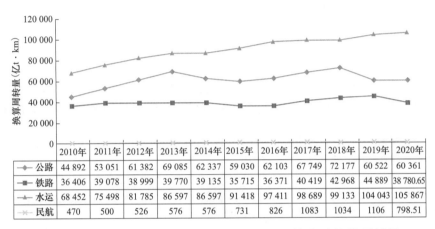

	2010年	2011年	2012年	2013年	2014年	2015年	2016年	2017年	2018年	2019年	2020年
公路	44 892	53 051	61 382	69 085	62 337	59 030	62 103	67 749	72 177	60 522	60 361
铁路	36 406	39 078	38 999	39 770	39 135	35 715	36 371	40 419	42 968	44 889	38 780.65
水运	68 452	75 498	81 785	86 597	86 597	91 418	97 411	98 689	99 133	104 043	105 867
民航	470	500	526	576	576	731	826	1083	1034	1106	798.51

图 1-5-3 2010—2020 年我国四种交通运输方式换算周转量

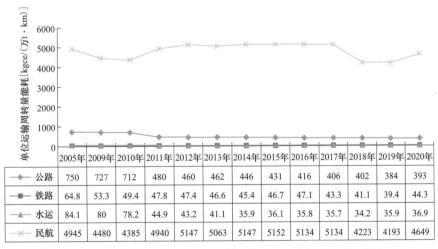

	2005年	2009年	2010年	2011年	2012年	2013年	2014年	2015年	2016年	2017年	2018年	2019年	2020年
公路	750	727	712	480	460	462	446	431	416	406	402	384	393
铁路	64.8	53.3	49.4	47.8	47.4	46.6	45.4	46.7	47.1	43.3	41.1	39.4	44.3
水运	84.1	80	78.2	44.9	43.2	41.1	35.9	36.1	35.8	35.7	34.2	35.9	36.9
民航	4945	4480	4385	4940	5147	5063	5147	5152	5134	5134	4223	4193	4649

图 1-5-4 2005—2020 年我国四种交通运输方式运输周转量能耗

按照公路、铁路、水运、民航换算周转量计算，2020 年与 2019 年相比，交通运输行业整体未实现节能，增加二氧化碳排放量约 3330 万 t。我国交通运输主要领域节能情况，见表 1-5-4。

表 1-5-4 我国交通运输主要领域节能量

类型	单位运输周转量能耗［kgce/（万 t·km）］（换算）			2020 年换算周转量（亿 t·km）	2020 年节能量（万 tce）
	2010 年	2019 年	2020 年		
公路	556	384	393	60 361	−543
铁路	55.9	39.4	44.3	38 781	−190
水运	50.8	35.9	36.9	105 867	−106
民航	6190	4193	4649	799	−364
合计					−1203

数据来源：国家统计局；国家铁路局；交通运输部；中国电力企业联合会；中国汽车工业协会；中国汽车技术研究中心；《2020 交通运输业发展公报》；《2020 年铁道统计公报》；《2020 年民航行业发展统计公报》。

注　1. 单位运输工作量能耗按能源消费量除换算周转量得出。

　　2. 电气化铁路用电按发电煤耗折标准煤。

　　3. 换算吨千米：吨千米＝客运吨千米＋货运吨千米；铁路客运折算系数为 1t/人；公路客运折算系数为 0.1t/人；水路客运为 1t/人；民航客运为 72kg/人；国家航班为 75kg/人。

6

农业领域能源效率及节能降碳

章节要点

农业能源消费比上年增长，单位综合能耗小幅下降。2019 年，农林牧渔业能源消耗总量 9018 万 tce，相比 2018 年增长 2.7 个百分点，综合能耗为 0.072 7tce/万元，比上年降低 0.004 6tce/万元。

2020 年农业单位综合能耗比上年降低 7.1%，实现节能量约 166 万 tce，减少二氧化碳排放 312 万 t。

6.1 综述

6.1.1 行业概述

我国是农业大国，目前我国农村人口数量占总人口数的 40％以上。农林牧渔业是国民经济建设的基础，农业为工业发展提供了丰富的原料，为经济发展提供了粮食、农副产品等基础物品，因此，农村和农业发展在国民经济发展中具有重要作用。随着新时期农业技术的不断发展与壮大，以及新农村城乡经济的建设与发展，农村经济结构得到了较大的优化与提升，但一些地区农业仍存在能源效率利用水平较低的现象。国家统计局数据显示，2020 年农林牧渔业总产值 137 782.2 亿元，比上年增加 10 388.4 亿元，比上年增长 11.14％，见表 1 - 6 - 1。

表 1 - 6 - 1   2010－2020 年我国农林牧渔业总产值年度变化情况   亿元

年份	农林牧渔总产值	农业总产值	林业总产值	牧业总产值	渔业总产值
2010	67 763.1	35 909.1	2575	20 461.1	6263.4
2011	78 837	40 339.6	3092.4	25 194.2	7337.4
2012	86 342.2	44 845.7	3407	26 491.2	8403.9
2013	93 173.7	48 943.9	3847.4	27 572.4	9254.5
2014	97 822.5	51 851.1	4190	27 963.4	9877.5
2015	101 893.5	54 205.3	4358.4	28 649.3	10 339.1
2016	106 478.7	55 659.9	4635.9	30 461.2	10 892.9
2017	109 331.7	58 059.8	4980.6	29 361.2	11 577.1
2018	113 579.5	61 452.6	5432.6	28 697.4	12 131.5
2019	123 967.9	66 066.5	5775.7	33 064.3	12 572.4
2020	137 782.2	71 748.2	5961.6	40 266.7	12 775.9

数据来源：《中国统计年鉴 2021》。

6.1.2 能源消费

目前，我国农村消费结构经历了由 2005 年以前的"煤、秸秆、薪柴"为主，逐渐演变成"电、煤、沼气"为主，液化石油气、天然气为辅，商品性能源的比例不断提高。其中，2019 年的农林牧渔业能源消耗总量 9018 万 tce，煤炭、柴油、天然气等在农林牧渔业能源消耗总量的占比分别为 17%、24%、15%，为农业领域主要供应能源。农林牧渔产业的综合能耗为 0.072 7tce/万元，比上年降低 0.009tce/万元，见表 1-6-2。

表 1-6-2 我国农林牧渔能源消耗总量 万 tce

项目	2010 年	2015 年	2016 年	2017 年	2018 年	2019 年
消费总量	7266	8271	8585	8945	8781	9018
煤炭	1533.6	1875.0	1984.3	2024.3	1687.9	1572.9
焦炭	45.7	47.6	51.5	36.9	100.1	58.3
汽油	248.8	340.3	330.2	337.9	357.4	372.3
煤油	1.3	1.6	3.3	2.2	7.2	16.2
柴油	1758.3	2175.2	2179.6	2253.8	2139.3	2149.2
燃料油	1.62	1.34	1.47	1.87	1.83	1.42
天然气	665	1045	1199	1254	1430	1330

数据来源：《中国能源统计年鉴 2020》。

6.2 能效提升主要措施

随着我国《"十三五"农业农村科技创新新规划》《国家农业科技园区发展规划（2018—2025 年）》等农业科技方面政策的相继颁布，信息技术、生物技术、制造技术、新材料技术、新能源技术等广泛渗透到农业产业领域，加速培育现代农业产业的新动能、新活力。新型技术应用主要是体现以下几个方面：

（1）农耕机具电动化。

目前，农业机械中中型机械较少，小型机械居多；动力机械多，配套机械少，配套率低；粮食生产机械多，经济作物生产机械少；种植机械多，畜牧、养殖和加工机械少。农业作业机械应向多功能联合作业机型发展，机械化作业将由小麦、水稻、玉米等主要粮食作物为主逐渐向小种类作物和棉花、大豆、油菜、马铃薯等经济类作物的种植、收获等新兴农机品类发展。农业机械化按使用环节不同，主要分为土地平整、播种施肥、田间管理、收获等4个环节，当前动力以内燃机为主，是农业领域电能替代的重要方向之一。这4个环节涉及的技术主要有电动耕整地机械、电动种植施肥机械、电动田间管理机械、电动收割机等。

山西省运城市芮城县东恒农机合作社成立于2010年，是全县首家专业农机合作社。东恒农机专业合作社相对固定的服务半径达500多km²，流转土地达3300余亩❶，直接服务农户2000余户，年作业面积达80 000余亩，其中旋耕11 509亩，播种12 038亩，收获作业2944亩，深松作业4456亩，秸秆还田作业4223亩，植保作业17 146亩，其他作业23 000多亩，全年经营收入450余万元，单车人均收入3余万元。

东恒农机合作社有拖拉机和小麦、玉米收割机38台，配套农机具达160余台，高地隙大型植保机械3台，薯类收获机4台，高科技激光平地机1台，机具入库率达到83%。近两年来，他们引进智慧农机装备28台（套），新建库棚900m²，场院硬化2600m²，专门修建机修车间30m²、办公室和培训教室280m²，固定资产近1000万元，具备了相当的规模，基本满足了当地主要农作物全程机械化生产的需要。

（2）农产品电烘干。

利用电能替代木柴、散煤等产生热量，通过烘干将农产品中水分降低到一

---

❶ 1亩=666.6m²。

定程度，延长保质期，获得干制农产品的过程。电烘干的目的是提升农产品储藏性和运输性，常见技术包括远红外干燥技术、空气源热泵干燥技术以及微波干燥技术，可用于烘干粮食、蔬果、菌类、木材、药材等，见表 1-6-3。

表 1-6-3 　　　　　　　　　　　电烘干技术分类情况

技术类型	技术细分	适用范围	设备类型
电烘干技术	远红外干燥技术	食品干燥	远红外干燥机
	空气源热泵干燥技术	粮食烘干	热泵烘干机
		木材烘干	木材热泵烤房
		烟叶烘烤	热泵烤烟房
	微波干燥技术	粮食、果蔬、食用菌干燥	微波干燥机

我国在农产品电烘干技术研究已取得了发展。随着高温热泵技术的不断发展，在电烘干领域的已经开始普及应用，推动了农产品电烘干技术向着节能、高效方向不断发展。电烘干技术与产品将向着标准化、大型化、集中化、专业化、自动化的方向发展。

（3）生物质综合利用。

在各类可再生能源中，生物质能是目前唯一的零碳燃料。我国现有森林面积约 1.95 亿公顷，每年可获得生物质资源量约 8 亿～10 亿 t。生物质材料根据其性质可通过粉碎和压缩加工为成型颗粒燃料，或通过规模化方式生产沼气，再分离出二氧化碳，从而成为 95% 以上甲烷含量的生物燃气。我国产自农牧林区的生物质材料加工成固体和气体燃料，可提供相当于 7.5 亿 tce 的燃料。

6.3　农业领域能效及节能降碳量

2020 年，中央 1 号文《农业农村部关于落实党中央、国务院 2020 年农业农村重点工作部署的实施意见》进一步强调了农耕机具的电动化、农产品加工生产电气化、生物质综合利用等。预计 2020 年农业单位 GDP 能耗下降 7.1%，实现节能量约 166 万 tce，减少 312 万 t 二氧化碳。

节电篇

1

全社会用电效率及节电降碳

章节要点

全社会用电量稳步增长，增速有所回落。2020 年，全国全社会用电量达到 75 214 亿 kW·h，比上年增长 3.2%，增速比上年下降 1.3 个百分点。

居民生活用电比重上升，第二、三产业用电比重下降。2020 年，第一产业和居民生活用电量分别为 859 亿、10 946 亿 kW·h，占全社会用电量的比重分别为 1.1%、14.6%，第一产业用电比重与 2019 年持平，居民生活用电比重上升 0.5%。第二产业和第三产业用电量分别为 51 318 亿、12 091 亿 kW·h，占全社会用电量的比重分别为 68.2%、16.1%，占比分别下降 0.4、0.2 个百分点。

全社会单位 GDP 电耗略有增长。受电能替代等电气化政策推动，2020 年全社会单位 GDP 电耗 824kW·h/万元（2015 年可比价），比上年增长 0.7%。

全国全社会用电量达到 75 214 亿 kW·h，比上年增长 3.2%。工业制造业主要产品单位电耗降幅较大；建筑领域仍然是最大的节电部门，节电量约 1390 亿 kW·h；交通运输领域和农业领域单位综合电耗总体上升。

1.1　电力消费概况

2020 年，全国全社会用电量达到 75 214 亿 kW•h，比上年增长 3.2%，增速下降 1.3 个百分点。在以习近平同志为核心的党中央坚强领导下，全国上下科学统筹疫情防控和经济社会发展，复工复产、复商复市取得明显成效，国民经济持续稳定回复，推动全社会用电增速稳步回升。2000 年以来全国用电量及增速，如图 2-1-1 所示。

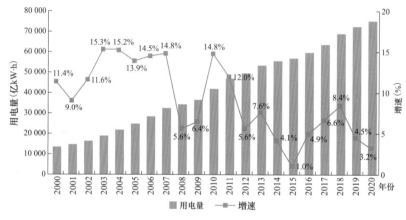

图 2-1-1　2000 年以来全国用电量及增速

受新冠肺炎疫情影响，第二、三产业用电比重降低。2020 年，第一产业和居民生活用电量分别为 859 亿、10 946 亿 kW•h，比上年增长 10.1%、6.8%，增速均高于全社会用电增速；占全社会用电量的比重分别为 1.1%、14.6%，第一产业用电比重与 2019 年持平，居民生活用电比重上升 0.5%。第二产业和第三产业用电量分别为 51 318 亿、12 091 亿 kW•h，比上年增长 2.7%、1.9%，占全社会用电量的比重为 68.2%、16.1%，占比分别下降 0.4、0.2 个百分点。

其中，第一产业、第二产业、居民生活对全社会用电增长的贡献率分别达到 2.2%、60.7%、26.3%，分别比上年上升 1.1、10.0、9.0 个百分点；第三产业对全社会用电增长的贡献率为 10.8%，比上年下降 20.6 个百分点。2020年全国三次产业及居民生活用电增长及贡献率，见表 2-1-1。

表 2-1-1　　2020 年全国三次产业及居民生活用电增长及贡献率

产业	2019 年				2020 年			
	用电量 （亿 kW·h）	增速 （%）	结构 （%）	贡献率 （%）	用电量 （亿 kW·h）	增速 （%）	结构 （%）	贡献率 （%）
全社会	72 255	4.5	100	100	75 214	3.2	100	100
第一产业	795	4.4	1.1	0.5	859	10.1	1.1	2.2
第二产业	49 567	3.1	68.6	50.7	51 318	2.7	68.2	60.7
第三产业	11 778	9.4	16.3	31.4	12 091	1.9	16.1	10.8
居民生活	10 188	5.7	14.1	17.3	10 946	6.8	14.6	26.3

数据来源：中国电力企业联合会。

（一）工业及高耗能行业用电

工业用电量上升，但增速小于全社会用电增速。2020 年，全国工业用电量50 297 亿 kW·h，比上年增长 2.5%，增速比上年下降 0.4 个百分点。

四大高耗能行业全部实现用电量正增长。2020 年，黑色金属、有色金属、化工、建材等四大高耗能行业合计用电 21 108 亿 kW·h，比上年增加 4.7%，增速比上年上升 2.7 个百分点。其中，黑色金属工业用电量增加 3.9%，增速比上年下降 0.7 个百分点；有色金属工业用电量增加 4.3%，增速比上年上升5.2 个百分点；化工行业用电量增加 2.0%，增速比上年上升 3.0 个百分点；建筑材料工业用电量增长 3.9%，增速下降 3.2 个百分点。

2020 年 31 个制造业行业中，只有皮革/毛皮/羽毛及其制品和制鞋业、金属制品/机械和设备修理业、金属制品业、纺织业、纺织服装/服饰业、文教/工美/体育和娱乐用品制造业、铁路/船舶/航空航天和其他运输设备制造业、烟草制品业、专用设备制造业及化学纤维制造业 10 个行业用电量负增长。2020年用电量大于 400 亿 kW·h 的行业有 18 个，其中计算机/通信和其他电子设备制造业、汽车制造业、电气机械和器材制造业、食品制造业、通用设备制造业、石油/煤炭及其他燃料加工业、医药制造业、有色金属冶炼和压延加工业、农副食品加工业、黑色金属冶炼和压延加工业、非金属矿物制品业和其他制造业用电增速均高于全社会平均水平。2020 年我国主要工业行业用电情况，见表2-1-2 和图 2-1-2。

表 2-1-2　　　　　　　　2020 年我国主要工业行业用电情况

行　　业	用电量（亿 kW·h）	增速（%）	结构（%）
全社会	75 214	3.2	100
工业	50 297	2.5	66.9
钢铁冶炼加工	5971	3.9	7.9
有色金属冶炼加工	6472	4.3	8.6
非金属矿物制品	3883	3.9	5.2
化工	4783	2.0	6.4
纺织业	1556	−7.1	2.1
金属制品	2178	−7.5	2.9
计算机、通信和其他电子设备制造	1825	16.0	2.4

数据来源：中国电力企业联合会。

注　结构中行业用电比重是占全社会用电量的比重。

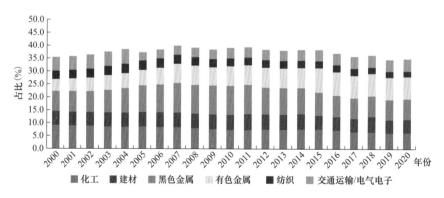

图 2-1-2　2000 年以来主要行业占全社会用电比重变化

（二）各区域用电量增速

各区域用电量增速均有不同程度上升。2020 年，华北（含蒙西）电网地区用电量 18 343 亿 kW·h，比上年增长 2.6%，增速比上年下降 1.9 个百分点；华东用电 17 690 亿 kW·h，比上年增长 2.6%，增速下降 0.8 个百分点；华中用电 13 145 亿 kW·h，比上年增长 2.9%，增速下降 1.5 个百分点；东北（含蒙东）用电 5029 亿 kW·h，比上年增长 2.0%，增速下降 1.7 个百分点；西北（含西藏）用电 8079 亿 kW·h，比上年增长 4.7%，增速上升 1.3 个百分点；南方电网地区用电 12 927 亿 kW·h，比上年增长 5.0%，增速下降 1.9 个百分点。2019、2020 年全国分地区用电情况，见表 2-1-3。

表 2-1-3　　　　　　　　2019、2020 年全国分地区用电量情况

地区	2019 年		2020 年		
	用电量 （亿 kW·h）	比重 （%）	用电量 （亿 kW·h）	增速 （%）	比重 （%）
全国	72 255	100	75 214	3.2	100
华北	17 878	23.8	18 343	2.6	24.4
华东	17 242	23.8	17 690	2.6	23.5
华中	12 775	17.6	13 145	2.9	17.5
东北	4930	6.8	5029	2.0	6.7
西北	7716	11.0	8079	4.7	10.7
南方	12 311	17.0	12 927	5.0	17.2

数据来源：中国电力企业联合会。

2020 年只有陕西（-8.9%）、宁夏（-4.2%）、湖北（-3.2%）、北京（-2.2%）、天津（-0.3%）用电增速为负值，其余省份均为正值，相对较快的省份是云南（11.8%）、山东（11.6%）增速达到两位数，四川（8.7%）、新疆（8.1%）、甘肃（6.8%）、内蒙古（6.8%）、广西（6.4%）、江西（5.9%）、安徽（5.5%）、西藏（5.1%）、青海（3.6%）、山西（3.5%）、湖南（3.5%）、广东（3.4%）、福建（3.4%）等 13 个省份用电增速也超过全国平均水平（3.2%）。

（三）人均用电量

人均用电量保持快速增长。2020 年，我国人均用电量和人均生活用电量分别达到 5331kW·h 和 780kW·h，比上年分别增加 145kW·h 和 47kW·h；2010—

2020 年我国人均用电量和人均生活电量年均增速分别为 5.5％和 7.5％。2000
年以来我国人均用电量和人均生活用电量变化情况，如图 2-1-3 所示。

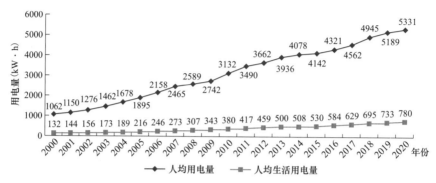

图 2-1-3　2000 年以来我国人均用电量和人均生活用电量❶

　　当前，我国人均用电量已超过世界平均水平，但仅为部分发达国家的
1/3～1/2。而人均生活用电量的差距更大，不到加拿大的 1/6，如图 2-1-4
所示。

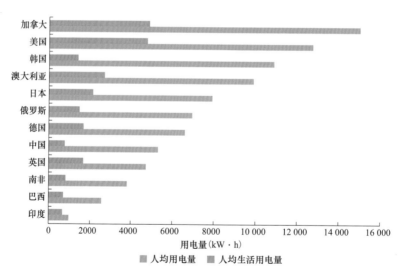

图 2-1-4　中国（2020 年）与部分发达国家（2019 年）

人均用电量和人均生活用电量对比

---

❶　数据来源：中国电力企业联合会。

1.2　单位 GDP 电耗

全社会单位 GDP 电耗略有增长。2020 年，全社会单位 GDP 电耗 824kW·h/万元❶，比上年增长 0.7%。2015 年以来我国单位 GDP 电耗及其变化情况，见表 2-1-4。

表 2-1-4　　　2015 年以来我国单位 GDP 电耗及变动情况

年份	单位 GDP 电耗（kW·h/万元）	增速（%）
2015	830	—
2016	816	−1.7
2017	814	−0.2
2018	828	1.8
2019	818	−1.2
2020	824	0.7

1.3　节电降碳量

与 2019 年相比，2020 年工业领域、建筑领域分别实现节电 969 亿、1390 亿 kW·h，分别实现减少二氧化碳排放 4610 万、5500 万 t，全社会合计实现节电 2338.8 亿 kW·h，合计减少二氧化碳排放 1 亿 t❷，见表 2-1-5。

---

❶ 根据《中国统计年鉴 2021》公布的 2015 年可比价 GDP 和中电联发布的《中国电力行业年度发展报告 2021》相关数据测算。

❷ 节电带来的降碳量测算方法为先将电量折算成标准煤耗，再将标准煤耗折算成碳排放。在将电量折算成标准煤耗的过程中考虑了发电结构和损失电量。总体上，约为 1kW·h 折算 0.43t 二氧化碳，该折算系数会随着发电结构的变化发生调整。

表 2 - 1 - 5   2020 年全社会节电量

部　　门	节电量（亿 kW·h）	降碳量（万 t）
工业	969	4610
其中：电力生产、转换、传输环节	302	1550
其中：工业制造业	667	3060
建筑	1390	5500
交通运输	-0.12	-1.2
农业	-20.1	-108
总计	2338.8	10 000.8

2

电力生产、转换、传输环节
效率及节电降碳

章节要点

电力传输线损率持续下降，厂用电率略有下降。2020 年，全国 6000kW 及以上电厂综合厂用电率为 4.65%，比上年下降 0.02 个百分点。其中，水电厂厂用电率 0.25%，比上年提高 0.01 个百分点；火电厂厂用电率 5.98%，比上年下降 0.03 个百分点。2020 年全国线损率为 5.60%，比上年下降 0.33 个百分点。

2020 年电力工业生产领域实现节电量 302 亿 kW·h，约减少二氧化碳排放 1550 万 t。

2.1 用电效率

电力工业自用电量主要包括发电侧的发电机组厂用电和电网侧的电量输送损耗两部分。2020年，电力工业发电侧和电网侧用电量合计为7618亿kW·h，占全社会总用电量的10.1%。其中，厂用电量3546亿kW·h，占全社会总用电量的4.7%；线损电量4072亿kW·h，占全社会总用电量的5.4%。[1]

全国平均厂用电率略有下降。2020年，全国6000kW及以上电厂综合厂用电率为4.65%，比上年下降0.02个百分点。其中，水电厂厂用电率0.25%，高于上年0.01个百分点；火电厂厂用电率5.98%，低于上年0.03个百分点。

全国线损率持续下降。2020年全国线损率为5.60%，比上年下降0.33个百分点。

2.2 主要节电措施

(1) 积极推进能源互联网相关标准建设。

国家能源局发布了《关于加快能源领域新型标准体系建设的指导意见》，提出在智慧能源、能源互联网、风电、太阳能、地热能、生物质能、储能、氢能等新兴领域，率先推进新型标准体系建设，发挥示范带动作用。稳妥推进电力、电工装备等传统领域标准体系优化，做好现行标准体系及标准化管理机制与新型体系机制的衔接和过渡，树立能源标准体系权威。

(2) 电力企业重视并加快布局综合能源服务业务。

从电网企业来看，国网节能服务有限公司正式更名为国网综合能源服务集

---

[1] 中国电力企业联合会发布的《中国电力行业年度发展报告2021》。

团有限公司，国网各省电力公司旗下的原省节能服务公司也相继更名为省综能服务公司，国家电网构建起集团化的综合能源服务业务作战体系。南方电网综合能源股份有限公司成为我国综合能源服务领域第一家上市公司，获得资本市场助力加速发展。从发电企业来看，中国华能、中国大唐、中国华电、国家能源集团、国家电投等企业相继成立综合能源公司，并优化布局综合能源业务，加快构建综合能源服务能力和体系。在行业不断整合的趋势下，智慧电网、智慧水务、智能供暖等概念层出不穷，对相关基础设施的精细化、动态化管理有助于能源的综合利用，加快形成资源节约型社会，降低社会用能成本。

（3）推进农网改造和电网升级。

按照国家部署，到 2020 年，我国农村地区基本实现稳定可靠的供电服务全覆盖，供电能力和服务水平明显提升，农村电网供电可靠率达到 99.8%，将建成结构合理、技术先进、安全可靠、智能高效的现代农村电网。《南方电网发展规划（2013—2020 年）》也指出，将加强城乡配电网建设，推广建设智能电网，到 2020 年城市配电网自动化覆盖率达到 80%。

（4）推广电厂节电技术。

一是选用节能型变压器。选用节能型变压器可显著降低变压器的空载损耗、负载损耗。考虑将备自投方式由明备用的热备用方式变换为暗备用的内桥断路器备自投方式，减少备用变压器的空载损耗，节能降耗。二是辅助设备的技术改造。在保证安全运行情况下加装变频器，电机设备由工频改为变频运行模式，做到不同工况下的设备节能；冷却系统考虑在发电机转子上安装风斗，加强空气流通冷却，提高机组降温散热效果。三是机组设备的经济运行。通过运行时负荷优化调整，避免机组长时间低负荷运行和减少机组空转耗水量；设备运行中，尽量减少无功功率，提高发电机效率，既能降低主变压器和定子的温升，保证设备安全稳定运行，又能降低发供电过程中的损耗，提高输送功率。四是厂内照明的合理管理。厂内照明要充分利用自然光照，合理规划区分不同区域的照度要求。厂内照明应使用高效节能、寿命长的节能灯器具，节能

114

灯具较普通灯具可节电 70%～80%。同时在厂内区分正常工作和夜间工作模式，采用分区照明、间隔开灯等方式，对于非重点工作区域采用不同的线路控制等措施。

2.3 节电降碳量

综合发电侧和电网侧效率，2020 年电力生产、转换、传输环节实现节电量 302 亿 kW·h，约减少二氧化碳排放 1550 万 t。

3

工业制造业用电效率及节电降碳

■ 章节要点

　　工业制造业主要产品单位电耗普遍降低。2020 年，电解铝单位综合交流电耗 13 186kW·h/t，比上年降低 345kW·h/t；水泥单位综合电耗 64.6kW·h/t，比上年降低 15.4kW·h/t；钢单位电耗 457kW·h/t，比上年降低 4kW·h/t；烧碱单位综合电耗 2391kW·h/t，比上年降低 252kW·h/t；电石单位综合电耗 3239kW·h/t，比上年提高 346kW·h/t。

　　工业制造业节电量比上年大幅增加。2020 年工业部门主要产品实现节电量 378 亿 kW·h，工业制造业总节电量约 667 亿 kW·h，比上年提高 20.0%，实现减少二氧化碳排放 3060 万 t。

3.1 黑色金属工业

2020 年，我国黑色金属工业年用电量为 5971 亿 kW·h，比上年增长 3.9%，占全社会用电量比重 7.9%，较上年上升 0.1 个百分点，占工业行业用电量比重 11.9%，较上年上升 0.2 个百分点。其中，吨钢电耗为 456.92kW·h/t，比上年降低 1.0%，相比上年实现节电量 46.5 亿 kW·h。

其中，钢铁用电量 4217 亿 kW·h，比上年增长 5.3%，占黑色金属工业用电量的比重为 70.6%；铁合金冶炼钢铁用电量 1648 亿 kW·h，比上年下降 0.1%，占黑色金属工业用电量的比重为 27.6%。黑色金属工业主要的节电措施包括：

(1) 应用开关磁阻调速电机系统节能技术。

技术适用于建材、机床、油田、矿山等行业电机系统节能技术改造，智能电机系统是继直流电机驱动、交流异步电机变频驱动、永磁同步驱动之后发展起来的新一代无级调速驱动系统，其综合性能指标高于传统驱动系统，由开关磁阻电机、控制系统组成，是最具性能优势和前景的高端电机系统。

从技术功能特性看，启动转矩大，启动电流小（同功率下启动转矩是异步机的 1.2 倍，启动电流是异步机的 35%）；调速范围广，高效运行转速范围宽（在 74% 以上的调速范围内，维持了 90% 以上的高效率）；电机本体结构简单，整个系统可靠性高；可控参数多，参数最优组合灵活，先进的电机控制算法，采用电流环、速度环、转矩环等多环控制模式；在保证工况所需电机输出功率下，实现输出扭矩/电流比值最大化，系统可自动匹配和工况最适应的状态，保证工况适应的条件下最优输出。

首钢股份有限公司迁安钢铁分公司原有泵电机、风机电机等 9 台，原异步电机效率低，设备老旧，耗能高，智能化程度低。为降低成本，提升智能化操作水平，进行新技术新设备的应用。利用 9 台采用风发科技公司的智能电机系统技术的智能电机对老旧电机进行替换。项目实施周期 9 个月。据额度功率运行，每年按 8000h 统计，此项目 9 台设备每年可节电 150 万 kW•h。每年可节约 510tce，每年可减少二氧化碳排放 1377 t。投资回收期 13 个月。预计未来 5 年，推广应用比例可达到 35％，可形成节能 5 万 tce/a，减少二氧化碳排放 13.5 万 t/a。

(2) 推广应用于工业窑炉纳米材料的隔热技术。

技术适用于工业窑炉节能技术改造，将一种低导热的纳米混合芯材通过预压成型技术形成一种高孔隙率复合板材。复合料在混合机里面进行混合、分散之后下放到预压设备，预压设备预压之后送入压合机，压合机在常温、高压下将粉料成型，然后通过切割设备切割成需求的规格尺寸，然后送入到烘干设备。

从技术功能特性看，一是安全稳定，纳米材料的隔热技术产品具有三维网络结构，避免其在长期高温或受到振动产生烧结变形、颗粒堆积而导致保温性能急剧下降的现象，且不添加任何化学物质，确保了其无机材料的使用稳定性；二是环保，纳米材料的隔热技术不含对人体、环境有害物质，无可溶出氯离子等，对设备、管道等基层无腐蚀，同时其生产也做到了"三零"排放标准；三是高效节能：纳米材料的隔热高温下的保温性能是传统保温材料的 4～10 倍，可以最大程度上减少设备的热损失、提高能源利用率，同时降低设备的使用温度还可以减少设备形变、老化等现象，延长设备的使用寿命。

国丰第一炼钢厂节能改造项目，钢包采用传统反射板进行保温，蓄热能力较差，LF 炉工序吨钢用电成本较高，80t 车间 LF 炉每炉平均电耗在

2500kW•h 左右，120t 车间 LF 炉每炉平均电耗在 1800kW•h 左右。在重新砌筑钢包时，采用纳米材料的隔热技术替代原有保温层。实施周期 10 个月。采用纳米材料的隔热技术进行改造后降低了 LF 炉工序的电耗，经测算，每年可节约 8353.8tce。投资回收期 3 个月。预计未来 5 年，推广应用比例可达到 30%，可形成节能 16.71 万 tce/a，减少二氧化碳排放 45.12 万 t/a。

3.2 有色金属工业

2020 年，有色金属工业用电量为 6472 亿 kW•h，比上年增长 4.3%。有色金属工业电力消费主要集中在冶炼环节，铝冶炼是有色金属工业最主要的耗电环节。2020 年，电解铝用电占全行业用电量的 78.3%。有色金属工业电力消费情况，见表 2 - 3 - 1。

表 2 - 3 - 1　　　　　　　　有色金属工业电力消费情况

项　　目	2015 年	2016 年	2017 年	2018 年	2019 年	2020 年
有色金属工业用电量（亿 kW•h）	5388	5453	5427	5736	6162	6472
电解铝用电量（亿 kW•h）	4247	4247	4143	4459	4820	5065
有色金属工业用电量占全国用电量比重（%）	9.4	9.1	8.6	8.4	8.5	8.6
电解铝用电量占有色金属工业用电量的比重（%）	62.2	77.9	76.3	77.7	78.2	78.3

数据来源：中国电力企业联合会。

2020 年，全国铝锭综合交流电耗为 13 186kW•h/t，比上年降低 71kW•h/t，节电 26.3 亿 kW•h。

（1）研发应用节电新技术。

节电技术可以大幅促进有色金属工业节能节电，提高企业效益。例如：优化电解质组分及生产工艺参数、改进预焙阳极结构、优化磷生铁配方、降低水平电流减少铝液动态波动等。

电解铝行业能效"领跑者"实践经验

2020 年电解铝行业能效"领跑者"为山东宏桥新型材料有限公司，该企业 600kA 特大型电解槽生产线铝液交流电耗为 12 580kW·h/t，优于标准先进值 70kW·h/t。先进做法包括：

一是应用先进的节能工艺技术装备。建设投运全系列 600kA 特大型阳极预焙电解槽，优化铝电解槽热电场和内衬结构设计，大幅改进新型管桁架上部结构，实现槽壳结构技术工程化和产业化，全面提升能效。

二是优化操作工艺。采用不停电开关技术，降低停送电对电解系列的影响。采用"石墨化阴极＋磷生铁浇铸"技术大幅度降低炉底压降和运行电压。开发铝电解阳极智能控制系统技术，有效增强电解槽稳定性，提高电流效率。升级动力系统硬件配置，使用机器人进行温度控制和巡视。

三是加强能源管理体系建设。建立能源管理体系并通过认证。制定实施《关于节能项目实施的管理制度》《关于生产绩效经济指标考核办法》，强化节能管理和节能目标考核。

资料来源：工业和信息化部网站。

（2）加强能源管理。

2020 年 3 月 1 日，《电解铝行业能源管理体系实施指南》（以下简称《指南》）实施。《指南》中指出，电解铝行业能源管理主要涉及设计、采购、存贮、加工转换、输送、能源使用、预热回收等环节，全员、全流程、全系统管理特性明显。《指南》在总结我国电解铝行业能源管理经验和成果的基础上，采用过程原理对企业建立、实施、保持和改进能源管理体系的实施路径和方法提出了系统性指导建议，有利于提高行业能源管理水平，降低全行业用能、用电消耗。

3.3 建筑材料工业

2020 年，我国建筑材料工业年用电量为 3883 亿 kW·h，比上年增长 3.9%，占全社会用电量比重 5.2%，较上年上升 0.1 个百分点，占工业行业用电量比重 7.7%，较上年上升 0.1 个百分点。在建筑材料工业的各类产品中，水泥制造业用电量比重最高，占建筑材料工业用电量的 39.2%，是整个行业节能节电的重点。

2020 年，水泥生产用电 1521 亿 kW·h，比上年增长 2.2%。水泥行业综合电耗约为 64.6kW·h/t，比上年上升 0.6kW·h/t，主要原因是水泥行业熟料产量增加 1 亿 t，带动全行业能耗总量的明显增长。2010－2019 年水泥行业共节电约 117.2 亿 kW·h。主要节电措施如下：

应用新型水泥熟料冷却技术及装备。技术原理：采用新型前吹高效算板、高效急冷斜坡、高温区细分供风、新型高温耐磨材料、智能化"自动驾驶"、新型流量调节阀等技术，高温热熟料通过风冷可实现对热熟料的冷却并完成热量的交换和回收，中置辊式破碎机将熟料破碎至小于 25mm 粒度，同时步进式结构的算床将熟料输送至下一道工序，热回收效率高、输送运转率高、磨损低，可降低电耗。技术功能特性：①单位算床面积产量：42～46t/（m² · d）；②标况下单位冷却风量：1.8～2.0m³/kgcl；③热回收效率：＞74%；④运转率：98%；⑤算冷机系统电耗：5.0～5.2kW/tcl。

涞水冀东水泥有限公司烧成系统原使用推料棒式第四代箅冷机，热回收效率低、故障率高、熟料冷却电耗高、备品备件更换频繁。原箅冷机箅床、尾置锤式破碎机及两台冷却风机拆除，安装新型步进式第四代冷却机和尾置辊式破碎机，重新布置冷却风机及配套的工艺非标管道，安装液压传动系统。实施周期 1 个月。据电表统计，吨熟料工序电耗下降 2.57kW•h，每年可节电 370 万 kW•h，折合标准煤 1202.5t；工序标准煤耗下降 2.81kg/tcl，每年可节约 5100tce；余热发电年增加发电量 570 万 kW•h，折合标准煤 1852.5t。综合年节约标准煤 8155t，减少二氧化碳排放碳 2.26 万 t/a。预计未来 5 年，推广应用比例可达到 50%，可形成节能 120 万 tce/a，减少二氧化碳排放 332.7 万 t/a。

集成模块化窑衬节能技术。技术原理：通过原位反应技术，开发以微气孔为主、气孔孔径可控的合成原料；以合成原料为基础，通过生产工艺控制，开发轻量化产品。在减轻材料重量的同时，提高了耐火材料强度、耐侵蚀性和抗热震性能；将轻量化耐火制品、纳米微孔绝热材料分层组合在一起，巧妙地利用不同材料的导热系数，将各层材料固化在其各自能够承受的温度范围内，保证使用效果和安全稳定性。技术功能特性：①材料体积密度降低了 10%，导热率有一定程度的降低，节约稀有资源；②以轻量化材料为基础，通过结构各种优化有效避免了使用过程中因温度过高造成的材料失效；③智能化生产和自动化装配，实现了多层材料的精准复合制备，提高了集成模块在回转窑内的高效安全运输和自动化转配效率。

洛阳中联水泥有限公司 5000t/d 水泥窑改造项目。技术提供单位为河南瑞泰耐火材料科技有限公司。洛阳中联水泥有限公司 5000t/d 水泥生产线，标准煤耗101.7kg/t。改造完成后，相比原来内衬总重量减轻122t，减轻18.7％，烧成带温度下降100～130℃，过渡带温度下降100～130℃，回转窑主电机电流下降了250～300A，熟料综合电耗降低1.5kW·h/t，标准煤耗降低了3kg/t。实施周期8个月。

3.4 石油和化学工业

2020年，石油加工、炼焦及核燃料加工业用电量为1373.1亿kW·h，比上年提高5.0％；化学原料及化学制品业用电量为4782.6亿kW·h，比上年提高2.0％，而化学原料及化学制品业的电力消费主要集中在电石、烧碱、黄磷和化肥四类产品的生产上，占行业48.0％，占比较上年下降3.5个百分点。

2020年，合成氨、电石、烧碱单位产品综合电耗分别为939、3239、2391kW·h/t，比上年分别变化约0.04％、-9.65％、-9.55％。与2019年单位单耗相比，2020年合成氨、电石和烧碱生产实现的节电量分别为-0.2亿、96.6亿、92.0亿kW·h。主要化工产品单位综合电耗变化情况，见表2-3-2。

表2-3-2　　　　　　　主要化工产品单位综合电耗

产品	2016年	2017年	2018年	2019年	2020年	2020年节电量（亿kW·h）
合成氨	983	968	961	938	939	-0.2
电 石	3224	3279	2972	3585	3239	96.6
烧 碱	2028	1988	2163	2643	2391	92.0

石油和化学工业主要的节电措施包括：

1. 合成氨

(1) 合成氨节能改造综合技术。该技术采用国内先进成熟、适用的工艺技术与装备改造的装置，吹风气余热回收副产蒸汽及供热锅炉产蒸汽，先发电后供生产用汽，实现能量梯级利用。关键技术有余热发电、降低氨合成压力、净化生产工艺、低位能余热吸收制冷、变压吸附脱碳、涡轮机组回收动力、提高变换压力、机泵变频调速等。该技术可实现节电 200～400kW·h/t，全国如半数企业实施本项工程可节电 80 亿 kW·h/年。

(2) 日产千吨级新型氨合成技术。该技术设计采取并联分流进塔形式，阻力低，起始温度低，热点温度高，且选择了适宜的平衡温距，有利于提高氨净值，目前已实现装备国产化，单塔能力达到日产氨 1100t，吨氨节电 249.9kW·h，年节能总效益 6374.4 万元。目前，我国该技术已经处于世界领先地位。

(3) 高效复合型蒸发式冷却技术。冷却设备是广泛应用于工业领域的重要基础设备，也是工业耗能较高的设备。高效复合型冷却器技术具有节能降耗、环保的特点，与空冷相比，节电率 30%～60%，综合节能率 60% 以上。

2. 电石

电石行业节电以电石炉技术改造为主：从采用机械化自动上料和配料密闭系统技术，发展大中型密闭式电石炉；大中型电石炉采用节能型变压器、节约电能的系统设计和机械化出炉设备；推广密闭电石炉气直接燃烧法锅炉系统和半密闭炉烟气废热锅炉技术，有效利用电石炉尾气。

(1) 加快密闭式电石炉和炉气的综合利用。密闭炉烟气主要成分是一氧化碳，占烟气总量的 80% 左右，利用价值很高。采用内燃炉，炉内会混进大量的空气，一氧化碳在炉内完全燃烧形成大量废气无法利用，同时内燃炉排放的烟气中二氧化碳含量比密闭炉要大得多，每生产 1t 电石要排放约 9000m³ 的烟气，而密闭炉生产 1t 电石烟气排放量仅约为 400m³（约 170kgce），吨电石电炉电耗可节约 250kW·h，节电率 7.2%。

（2）蓄热式电石生产新工艺。热解炉技术与电石冶炼技术耦合，通过对干法细粉成型、蓄热式热解炉、高温固体热装热送、电石冶炼等技术的集成，改造传统电石生产线，具有自动化程度高、安全可靠、技术指标先进、装备易于大型化、污染物排放低等优点。应用该技术，与改造前相比节电 707.8kW·h/t，可实现节能 1057.5 万 tce/a，减少二氧化碳排放 2791.8 万 t/a。

（3）高温烟气干法净化技术。该技术既可以避免湿法净化法造成的二次水污染，也能够避免传统干法净化法对高温炉气净化的过程中损失大量热量，最大限度保留余热，为进一步循环利用提供了稳定的气源，提高了预热利用效率，属于国内领先技术。经测算，一台 33 000kV·A 密闭电石炉及其炉气除尘系统每年实现减排粉尘 450 万 t，减少二氧化碳排放 3.72 万 t，节电 2175 万 kW·h，折合煤 1.9 万 t，直接增收 2036 万元。

3. 烧碱

（1）普及离子膜生产技术。离子膜电解制碱具有节能、产品质量高、无汞和石棉污染的优点。我国不再建设年产 1 万 t 以下规模的烧碱装置，新建和扩建工程应采用离子膜法工艺。如果我国将 100 万 t 隔膜法制碱改造成离子交换膜法制碱，综合能耗可节约 412 万 tce。此外，离子膜法工艺具有产品质量高、占地面积小、自动化程度高、清洁环保等优势，成为新扩产的烧碱项目的首选工艺方法。

（2）新型高效膜极距离子膜电解技术。将离子膜电解槽的阴极组件设计为弹性结构，使离子膜在电槽运行中稳定地贴在阳极上形成膜极距，降低溶液欧姆电压降，实现节能降耗，采用该技术产能合计 1215 万 t/a，每年节电 15.8 亿 kW·h。

（3）滑片式高压氯气压缩机。采用滑片式高压氯气压缩机耗电 85kW·h，与传统的液化工艺相比，全行业每年可节约用电 23 750 万 kW·h，同时还可以减少大量的"三废"排放。

3.5 工业制造业用电效率及节电降碳量

相比 2019 年，2020 年钢、电解铝、水泥、合成氨、烧碱、电石等 6 种工业制造业产品实现节电量 378 亿 kW·h，见表 2-3-3。推算工业制造业总节电量约 667 亿 kW·h，实现减少二氧化碳排放约 3060 万 t。

表 2-3-3 我国重点高耗能产品电耗及节电量

类别	产品电耗（kW·h/t）						2020 年比 2019 年节电量（亿 kW·h）
	2015 年	2016 年	2017 年	2018 年	2019 年	2020 年	
钢	472	468	468	463	461	457	46.5
电解铝	13 562	13 599	13 577	13 555	13 531	13 186	26.3
水泥	86	86	85	84.5	84.0	64.6	117.2
合成氨	989	983	968	961	938	939	− 0.2
烧碱	2228	2028	1988	2163	2643	2391	96.6
电石	3277	3224	3279	2972	3585	3239	92.0
合计							378.4

数据来源：国家统计局；国家发展改革委；工业和信息化部；中国煤炭工业协会；中国电力企业联合会；中国钢铁工业协会；中国有色金属工业协会；中国建材工业协会；中国化工节能技术协会；中国造纸协会；中国化纤协会。

4

建筑领域用电效率及节电降碳

📡 **章节要点**

　　建筑领域用电量持续增长，占全社会用电量比重不断上升。2020 年，全国建筑领域用电量为 21 283 亿 kW·h，比上年提高 4.5％，占全社会用电量的比重为 28.3％，上升 0.2 个百分点。

　　2020 年建筑领域实现节电量 1390 亿 kW·h，实现减少二氧化碳排放 1.1 亿 t。2020 年，建筑领域通过对新建建筑实施节能设计标准，对既有建筑实施节能改造，推广绿色节能照明、高效家电，大规模应用可再生能源等节电措施，实现节电量 1390 亿 kW·h。其中，新建节能建筑和既有建筑节能改造实现节电量 280 亿 kW·h，推广高效照明设备实现节电量 725 亿 kW·h，推广高效家电实现节电量 385 亿 kW·h。

4.1 综述

我国建筑运行用电量持续增长。2020 年，全国建筑领域用电量为 21 283 亿 kW·h，比上年提高 4.5%，占全社会用电量的比重为 28.3%，上升 0.2 个百分点。我国建筑领域终端用电量情况见表 2-4-1。

表 2-4-1 　　　　　2011—2020 年我国建筑领域终端用电量 　　　　　亿 kW·h

项目	2011 年	2012 年	2013 年	2014 年	2015 年	2016 年	2017 年	2018 年	2019 年	2020 年
建筑用电	10 727	11 909	12 772	12 680	13 479	14 950	16 092	18 928	20 360	21 283
其中：民用电	5646	6219	6793	6936	7285	8071	8694	9697	10 250	10 950
其中：商业用电	5082	5690	6670	5744	6194	6879	7398	9229	10 110	10 334

数据来源：中国电力企业联合会；国家统计局。

4.2 主要节电措施

（1）新建节能建筑执行节能设计标准。

2020 年，新建建筑执行节能设计标准形成节能能力 1936 万 tce，既有建筑节能改造形成节能能力 861 万 tce。根据相关材料显示建筑能耗中电力比重约为 55%～70%，考虑技术等多种因素推算，2020 年新建节能建筑和既有建筑节能改造形成的节电量约为 280 亿 kW·h。

（2）应用高效照明产品。

住宅和商业建筑中，照明约占建筑物总能源的 13% 和每日峰值能源使用量的 15%。目前功率型白光 LED 光效由 2015 年的 150lm/W 提升到 2019 年的 250lm/W。随着物联网、大数据、5G、云计算等信息通信技术的发展，照明领域也从单一的照明模式进入到智能照明新时代。目前建筑领域采用 LED 等高效节能光源、智能系统控制等手段，进一步深挖照明节电潜力，降低照明用电量。随着 LED 技术的不断进步，照明产品及服务正进一步朝着低耗能、高光效、智能化、高使用寿命等方向发展。照明系统包括 LED 灯或照明器、网络通信接口以及传感器和控件。利用人工智能和机器学习技术，通过降低亮度等方式，降低高峰时段能耗，实现快速需求响应或紧急调节。2019 年 LED 照明产品国内销量渗透率达到 75％，在用量渗透率达到 52.7％❶。按照趋势外推，考虑疫情等其他因素影响，2020 年销量渗透率可达 80％左右，初步估算节电量约 725 亿 kW•h。

(3) 普及节能智能家电。

中国的家用空调产量全球占比超过 80％，主要制冷产品节能空间达 30％～50％。房间空调由于产量大、使用面广、日常使用率高等特点，成为节能政策的重点。2020 年执行的新版 GB 21455《房间空气调节器能效限定值及能效等级》标准将定频和变频的评价方法进行了统一，总的来说，空调新能效标准的实施将大量淘汰市场上存在的低能效的产品，市场总淘汰率大概在 45％左右❷。

(4) 在建筑领域推广可再生能源技术。

建筑太阳能热利用形势较好。2020 年，全国太阳能热利用集热系统总销量 2703.7 万 m²（折合 18 926MW），与 2019 年 2852.1 万 m² 比上年下降 5.2％❸；其中，真空管型太阳能集热系统销量 2008.3 万 m²，与 2019 年比上年下降 8.6％；平板型太阳能集热系统销售 695.4 万 m²，与 2019 年比上年增长 6％。我国 2020 年生产太阳能集热器类型中，真空管型占 74.3％，平板型占 25.7％。国家积极鼓励推动各地因地制宜利用太阳能等可再生能源进行供暖。2020 年新增太阳能供暖面积突破 1000 万 m²，达到 1225 万 m²。

光伏建筑一体化技术加快普及。光伏建筑一体化（即 BIPV）技术是一种将太阳能发电（光伏）产品集成到建筑上的技术。BIPV 技术绿色低碳环保，

---

❶　数据来源：《中国能源》2021 第 43 卷《"十三五"建筑节能低碳发展成效与"十四五"发展路径研究》一文。

❷　观点来源：《电器杂志》中《"史上最严"空调新能效标准 2020 年 7 月 1 日将实施，海尔率先"亮剑"》一文。

❸　数据来源：《2020 中国太阳能热利用行业运行状况报告》。

助力建筑节能。BIPV 玻璃幕墙可以替代部分昂贵的通风幕墙，应用于朝向较好，面积大的办公楼、酒店、公寓、大厦等建筑上，带来更优的性价比和长期的经济收益。BIPV 玻璃幕墙也可以取代部分公交站、停车场、阳光房、温室等小面积分散性建筑顶棚，兼具遮阳、供电和美观特点，存量市场潜力巨大。截至 2020 年底，已有 31 地发布相关 BIPV 未来 3～5 年相关政策。其中，北京、上海、江苏等 13 地明确建设 BIPV 绿色建筑有补贴；天津、内蒙古、河南、广东等 16 地发布 BIPV 三年规划（2020－2022 年）；吉林、河北等 9 地发布 BIPV 五年规划（2020－2025 年）。

4.3 建筑用电效率及节电降碳量

2020 年，新建节能建筑和既有建筑节能改造实现节电量 280 亿 kW·h，推广应用高效照明设备实现节电量 725 亿 kW·h，推广高效家电实现节电量 385 亿 kW·h。经汇总测算，2020 年建筑领域主要节能手段约实现节电量 1390 亿 kW·h。根据节电情况，推算减少二氧化碳量为 1.1 亿 t。

5

交通运输领域用电效率及
节电降碳

章节要点

电气化铁路作为交通运输行业重点节电领域，用电量一直保持较快增长。截至 2020 年底，电气化里程 10.7 万 km，比上年增长 7.0%，电气化率 72.8%，比上年提高 0.9 个百分点。2020 年，全国电气化铁路用电量为 691 亿 kW·h，比上年减少 10.8%，占交通运输业用电总量的 40% 左右。

轨道交通发展迅速，已经成为交通运输行业第二大节电领域。截至 2020 年底，我国城市轨道交通配属车辆 49 424 辆，增长 20.6%；运营里程 7354.7km，增加 1182.5km。2020 年，全国轨道交通用电量为 194 亿 kW·h，比上年减少 26.0%，占交通运输业用电总量的 11% 左右。

受新冠疫情客车上座率偏低影响，电气化铁路、轨道交通运输周转量电耗整体上升。2020 年，我国电气化铁路单位运输周转量能耗约为 237.9kW·h/（万 t·km），比上年上升 0.03kW·h/（万 t·km）；轨道交通平均运输周转量能耗约为 1300kW·h/（万人·km），比上年上升 0.2kW·h/（万人·km）。

5.1 综述

在公路、铁路、水运、民航、城市客运等 4 种运输方式中，电气化铁路、轨道交通用电量较大，电动汽车用电量也在逐步增长。

近年来，随着电气化铁路快速发展，用电量也逐年上升。截至 2020 年底，电气化里程 10.7 万 km，比上年增长 7.0%，电气化率 72.8%，比上年提高 0.9 个百分点❶。其中，我国高速铁路发展迅速，截止到 2020 年底，我国高铁营业里程达 3.8 万 km，居世界第一位。全国电力机车拥有量为 1.38 万台，占全国铁路机车拥有量的 62.7%。2020 年，全国电气化铁路用电量为 691 亿 kW·h，比上年减少 10.8%，占交通运输业用电总量的 40% 左右。

截至 2020 年底，我国城市轨道交通配属车辆 49 424 辆，增长 20.6%；运营里程 7354.7km，增加 1182.5km，其中地铁线路 189 条、6595.1km，轻轨线路 6 条、217.6km；轨道交通客运量 175.90 亿人，下降 26.3%。2020 年，全国轨道交通用电量为 194 亿 kW·h，比上年减少 26.0%，占交通运输业用电总量的 11% 左右。

截至 2020 年底，我国电动私家车、电动公交车、电动出租车保有量分别约为 410 万辆、38 万辆和 12 万辆，累计用电量约为 430 亿 kW·h，比上年增长 23.2%❷。

5.2 主要节电措施

交通运输系统中，电气化铁路是主要的节电领域。优化牵引动力结构、提高机车牵引吨位、推动再生制动能量利用技术应用、加强可变电压可变频率

---

❶ 国家铁路局《2020 年铁道统计公报》。
❷ 电动私家车能源消费量目前在国家统计年鉴中放在了居民生活领域。

（VVVF）变压控制装置及采用非晶合金牵引变压器等节能产品的推广，加强基础设施及运营管理等是实现电气化铁路节电的有效途径。

（1）优化牵引动力结构。

铁路列车牵引能耗占整个铁路运输行业的90％左右。根据相关测算结果❶，内燃机车牵引铁路与电力牵引铁路的能耗系数分别为2.86和1.93，电力机车的效率比内燃机车高54％。截至2020年底，全国铁路机车拥有量为2.2万台，其中内燃机车占36.4％，电力机车占62.7％，电力机车比重较上年再次上升。

（2）提高机车牵引吨位。

近年来，我国加强电力牵引技术研发，提高机车牵引吨位，努力降低机车单位电能消耗。其中，我国南车集团株洲电机有限公司自主研制的高性能牵引电机将大功率机车牵引电机、变压器研制平台上积累的技术，成功融入动车牵引系统，使单台电机最大功率达到1000kW（列车牵引总功率2.28万kW）。新研发的高速动车组牵引系统，与之前CRH380A高速动车组相比，稳定功率提升1倍、功率密度提升60％以上。

（3）加强节电技术、产品的推广应用。

智能伺服永磁直驱技术。利用智能伺服永磁直驱系统替换传统模式，改变原驱动系统中间传动环节多、传动效率低、电能浪费严重的问题，改造后的驱动系统能够降低电能消耗10％以上；采用智能变频控制，动态响应快、启动转矩大、能够在皮带满载的情况下直接启动而不会出现启动失败的情况，进而降低能耗。

以河北某交通运输公司为例，将智能伺服永磁直驱技术应用于21条带式输送机，实现节能量84.8tce/a，减少二氧化碳排放220t。

可变电压可变频率（VVVF）变压控制装置。该装置可将供电线路中的直

---

❶ 高速铁路的节能减排效应，中国能源报第24版，2012年5月14日。

流电转换为交流电，根据电车的加速度和速度的变化调整电压和频率，从而使得电机更有效运转。该装置最大优点是减少了约30%的耗电量。

(4) 加强基础设施及运营管理。

改进电气化铁路线路质量。铁路线路条件是影响电力机车牵引用电的重要因素之一，做好铁路运营线路的合理设计、建设、维护，将有助于提高机车运行效率，减少用电损失。根据《中长期铁路网调整规划方案》，至2020年，我国铁路电气化率预计达到60%以上，在高覆盖率下，铁路线路质量的管理维护对提高机车用电效率的影响将更为明显。

加强交通运输用能场所的用电管理。如对车站、列车的照明、空调、热水、电梯等采取节能措施，并根据场所所需的照明时段采取分时、分区的自动照明控制技术；在站内服务区、站台等区域推广使用LED灯；在公路建设施工期间集中供电等，均能有效实现节电。

5.3　交通运输用电效率及节电降碳量

2020年，受新冠疫情影响，客车上座率偏低，使得电气化铁路、轨道交通整体电耗水平上升。

2020年，电气化铁路单位运输周转量能耗约为237.9kW·h/（万t·km），比上年上升0.03kW·h/（万t·km）；我国轨道交通平均周转量能耗约为1300kW·h/（万人·km），比上年上升0.2kW·h/（万人·km）；交通运输电气化铁路、轨道交通，累计增加二氧化碳排放量约1.2万t。

6

农业领域用电效率及节电降碳

章节要点

农业用电量和单位综合电耗均上升。2019 年的农林牧渔业电能消耗量 1336 亿 kW·h，比 2018 年提高 7.5 个百分点。单位综合电耗为 1077kW·h/万元，比上年增加 151.7kW·h/万元。

随着农村电气化水平的持续提高，2020 年农业单位综合电耗增长 14.2%。

6.1 综述

全面实施乡村电气化提升工程、坚持清洁可持续的资源开发利用以及保障农业用电安全是深入贯彻习近平新时代中国特色社会主义思想和党的十九大精神，认真落实《中共中央国务院关于实施乡村振兴战略的意见》和国家《乡村振兴战略规划（2018—2022 年）》的重要举措，是助力农村经济发展的重要保障。首先，乡村电气化是推动精准脱贫的重要组成部分，是促进农村社会和经济发展、提高农民收入、构建和谐社会、建设美丽乡村的基础。其次，以生态环境友好和资源永续利用为导向，推动形成农业绿色生产方式，是构建美丽宜居乡村、推动脱贫攻坚和农村发展的有力抓手。最后，保障农业用电安全、提供紧急用电服务是农村农业生产的保障。

当前中国农业消费已迈入完全主动消费阶段，大众对农业的消费需求由重数量转向重品质以及精神产品需求。在消费升级背景下，更加注重产品的绿色、健康、营养等特征乡村旅游、田园风光等农村休闲度假产品日益受到城市居民的青睐。大众的农业消费习惯改变迫使农业产业优化升级，对电能需求量加大。其中，2019 年的农林牧渔业电能消耗量 1336 亿 kW·h，比 2018 年增长 7.5 个百分点；单位综合电耗为 1077kW·h/万元，比上年增加 151.7kW·h/万元。农林牧渔各分领域电能消耗量见表 2-6-1。

表 2-6-1　　　　　　　　　农林牧渔各分领域电能消耗量

品种	2010 年		2015 年		2016 年	
	实物量 （亿 kW·h）	标准量 （万 tce）	实物量 （亿 kW·h）	标准量 （万 tce）	实物量 （亿 kW·h）	标准量 （万 tce）
电力	976.5	1200.1	1039.8	1277.9	1091.9	1341.9

品种	2017 年		2018 年		2019 年	
	实物量 （亿 kW·h）	标准量 （万 tce）	实物量 （亿 kW·h）	标准量 （万 tce）	实物量 （亿 kW·h）	标准量 （万 tce）
电力	1175.1	1444.2	1242.5	1527.1	1336.2	1642.2

数据来源：《中国能源统计年鉴 2020》。

6.2　主要节电措施

我国正广泛开展农业领域的电气化，利用农业生物质能、渔光互补等生产方式来实现气、热、电等联产以及能源的梯级利用，改变了传统农业生物质粗放的管理模式以及高污染的消费模式，为集约化、规模化农业的发展提供了有利条件。

（1）园区农业能源互联网。

园区农业能源互联网以农业园区内秸秆和牲畜粪便等农业废弃物为原料，厌氧发酵制取沼气，一部分沼气供给发电机组发电，产生的电能可用于园区的日常生活生产，此外通过余热回收的方式将发电过程中的热能供给发酵系统利用；另一部分沼气也可供给沼气热水锅炉，产生的热水可供给玻璃温室等园区单元使用。发酵罐中沼液还可以作为肥料用于果园施肥。园区农业能源互联网通过异质能源和农业生产的深层次耦合实现了生态农业模式循环发展，是有效解决环境－能源－粮食协同安全问题的办法。在电源侧，沼气发电工程同时解决了农业废弃物管理粗放问题和传统化石能源发电污染问题。在能源网络中，气/热/电多能互补实现了园区农业能源的高效综合利用。在负荷侧，农业－沼气池－能源模式不仅解决了农业生产用能问题，还解决了肥料来源问题。

（2）农业物联网工程。

位于北京市大兴区某西甜瓜种植基地，利用物联网技术来构建智慧化的全控型温室，在该系统下，通过设施环境传感器以及实施环境调控设备实现对温室内的光照强度、湿度和温度等环境因子的检测和调控，促进农业生产的信息化与自动化，同时还可节省人力成本，提高生产效率。通过建设信息物理融合系统实现了农业生产的智能化，是有效解决农业生产集约化、规模化问题的技术手段。摆脱传统的农业生产方式，推动农业生产升级转型的关键要素之一就是要把科学技术运用到农业生产的每个环节中。通过物联网技术实现对能源系统、农业系统的泛在感知以及智能化、精准化控制。

（3）农业信息全景感知。

能源传感器网络在面向农网故障诊断与状态感知、可再生能源装置接入以及 HPLC 智能电能表全覆盖，对台区二、三级漏电保护进行智能化改造，并将各低压感知设备的信息上传至智能配电变压器终端，实现台区低压信息全面感知。用户侧信息感知主要包括土壤信息、气象信息、动植物生理信息、农业个体 RFID、条码精准识别、农业资源调查、农作物估产、农业灾害预报、精准农业等农业遥感方面内容。

渔光互补是指将光伏发电和渔业养殖相结合，在鱼塘上方安装光伏组件进行发电，在光伏组件下方的水域里可养殖鱼类等物种，形成了"上发电下养鱼"的新型产业模式，提高了土地利用率以及单位土地面积的产出量。

渔光互补是新型的能源和农业跨界融合生产模式，产出的电能一部分可供水泵和增氧机等渔业设备使用，剩余的电能还能并入电网，进一步增加农户收益。另外，相关的能源设备对渔业养殖的环境也有一定的优化作用，如光伏板可以给鱼塘遮阳，降低水域的温度以及水中藻类的光合作用，提高水质，为鱼类提供良好的生长环境。项目通过新能源与农业跨界融合实现了农业和新能源双主业驱动，是有效解决农业固定资产投资不足问题的办法。能耗费用是制约温室、渔业工厂化生产推广和发展的瓶颈问题，农光互补、渔光互补等跨界融合模式，是温室、渔业工厂化生产系统的发展趋势。

6.3 农业用电效率及节电降碳量

2020 年，国家电网有限公司在农产品种植、加工、乡村旅游等方面建成一批电气化试点示范工程，促进乡村能源生产和消费方式发生显著改革，助力农业生产、乡村产业、农村生活现代化取得积极成果。通过生产设备电气化和生产过程自动化，达到提高生产效率、促进农牧渔业改造升级的目的；推动果蔬及特色产业加工、景区、民宿、农业全产业链的电气化改造；针对乡村出行特点，优化完善智慧车联网、智慧能源服务系统功能，在乡村地区开展有序充电等服务，促进乡村电动车、电动船等绿色交通工具发展，服务乡村电动汽车便捷出行；推广智能家居和节能家用电器等技术、产品，促进提升乡村家庭电气化水平。

随着农村电气化水平的持续提高，2020 年农业单位综合电耗增长 14.2%，节电量约为 -20.1 亿 kW·h，增加二氧化碳排放 108 万 t。

专题篇

1

面向"双碳"目标的我国能效提升主要措施

1.1 能效提升的重要作用及主要影响因素

能效提升是满足我国现代化能源增长需求的重要保障。目前我国能源消费主要集中在工业领域,与居民生活息息相关的建筑、交通用能较少,人均能源消费量尚不足发达国家平均水平的60%。随着现代化建设全面推进、人民生活持续改善,我国能源需求还将持续增长。如果主要依靠开发原生资源或进口满足能源需求,无论能源安全保障还是生态环境容量都将承受很大压力。节能提高能效不仅是满足我国能源需求增长的最优先来源,也是建设生态文明、实现社会主义现代化强国目标的必然要求。

能效提升是实现建设美丽中国和应对气候变化目标的重要途径。近年来,我国不断强化污染治理,环境质量改善之快前所未有。但随着末端治理的空间不断收窄、成本持续上升,必须从源头上大幅提高能源利用效率,协同推进源头预防、过程控制、末端治理。同时,在应对气候变化中,节能是最具减排潜力、最经济的方式,是实现我国2030年应对气候变化国家自主贡献最主要的途径。

能效提升是壮大绿色发展新动能的重要源泉。当前,我国经济已由高速增长阶段转向高质量发展阶段,处在转变方式、优化结构、转换动力的攻关期。节能、可再生能源等技术不断突破,已经成为驱动新一轮科技革命和产业变革的重要动力。作为世界能源消费大国,一方面,超高能效设备产品、低能耗建筑、节能和新能源汽车等在我国有着广阔的市场空间和应用前景,可不断形成绿色发展新动能;另一方面,对传统产业实施节能升级改造,可以赋能实体经济,在绿色转型中形成新的经济增长点。

能效提升是推动民生福祉普遍改善的重要内容。优美的生态环境、现代高效的能源服务,是民生福祉的重要内涵。随着人民生活水平提高,绿色建筑、清洁取暖、高效制冷等已成为消费升级的重要内容。通过深入挖掘节能潜力,能够从源头持续减少污染，不断增加高效节能产品和服务供给，推动城乡现代高效能源服务普及，使人民群众切实感受到民生福祉的改善。

影响能源效率的因素主要包括技术进步、结构优化、能源结构调整、能源及碳排放价格变动、政策法规制定实施等方面。其中，技术、结构因素是主要的直接因素。

（一）技术进步及渗透

技术进步影响着能源开采、运输、储存和终端使用的全过程。当技术进步应用到有关能源消费的过程中，就可以减少使用的能源，提高能源利用效率。大量研究证明，科学技术是提高能源利用效率，实现节能降耗的根本途径。在能源生产部门，技术进步可以提高能源开采率，减少能源在中间运输和储存环节的浪费，节约能源。在能源消费部门，技术进步主要是通过提高产品生产部门技术水平，进而减少生产产品时的终端能源使用量。企业通过发展和应用先进的科学技术，可以在消耗相同能源时，产出更多量的产品或者生产相同产量的产品时，消耗更少的能源，直接降低单位产品能耗，增加能源利用效率提高。通常情况下，外资的引进、人力资本的提高以及研究与发展经费支出的增加都会提高技术水平，而研究与发展经费支出的增加是其主要原因。除此之外，技术渗透率也是影响能效提升的重要方面。在同一行业，不同企业由于发展水平不同，部分企业使用的技术仍旧十分落后。因此，随着技术渗透率的不断提高，行业能效水平也将快速提升。

（二）产业结构优化

由于不同产业对能源消耗需求不同，产业结构的变动将影响最终的能源消费量，进而影响到能源利用效率。高能耗产业比重大并且上升快，能源强度就会增加，能源利用效率下降；相反，低能耗产业比重大并且上升快，能源强度就会降低，能源利用效率提高。各个产业的能源结构及能效差别较大，第一产业目前主要依靠手工劳动投入，能源需求量少；第二产业主要依靠资本要素的投入，能源消耗量比较多；第三产业主要依靠脑力劳动，能源消耗作为辅助条件，能源消费量低，能源利用效率比较高。

（三）能源结构调整

能源结构通过两个方面影响着能源利用效率，即不同能源品种具有不同的能源强度，以及不同能源品种对应不同的用能环节。通常情况下，煤炭消费能源强度较高，总体能源利用效率越低。发达国家的能源结构主要是以石油和天然气为主，能源利用效率比较高，而我国是以煤炭为主，在其他条件相同的情况下，我国的能源强度常年要比以油和气为主的国家高一些，并且能源结构中煤炭等化石燃料比重过大容易造成严重的环境污染。此外，能源结构的调整也会带来用能环节的改变，例如电气化水平的提升可以降低部分重点用能环节的能源消费量，从而促进能效提升。

（四）能源及碳排放价格变动

能源及碳排放价格的变动会促使用能量的变化，从而影响能源的管理水平，进而影响能效。通常，价格通过直接与间接两种途径影响着能源利用效率。如果将能源视为一种生产要素，首先能源或碳排放价格的上升会使企业的生产成本提高，企业获取得利润减少，对能源的消费需求也减少，耗能量降低，能源利用效率提高；其次能源或碳排放价格的上升也会促使企业发展节能新技术，企业通过科学技术更新生产产品的节能设备来减少生产成本和生产过程中的能源消耗量，使得能源利用效率上升。

1.2 "双碳"目标下各领域能效提升主要措施

1.2.1 工业领域

工业作为我国能源消费及碳排放的主要来源，其能效进步对于实现双碳目标将起到至关重要的作用。本节将针对工业领域中黑色金属工业、有色金属工业、建筑材料工业以及石油和化学工业等四大高耗能行业进行详细分析。

（一）黑色金属工业

在"双碳"目标引导下，黑色金属工业技术提升路径主要为推进智能制造，重视开拓新兴"数字经济"，以原燃料结构优化、能效提升及最佳实践技术应用、流程结构调整、突破性低碳冶炼技术及 CCUS 为主要路径，实现深度减排。结构提升路径主要为进一步提升电炉钢比重，随着钢铁先进节能技术的日益普及，远期电炉钢比重的提升仍将是吨钢能耗下降的重要驱动，到 2060 年达到 60％。管理提升路径主要为系统构建钢铁低碳发展全面支撑体系，借助"互联网＋"、大数据技术，建设钢铁绿色低碳发展综合评价与服务平台；合理规划、全流程全方位实施超低排放改造，借助"环保＋工业互联网"实现管控治一体化。

（二）有色金属工业

在"双碳"目标引导下，有色金属工业技术提升路径主要包括加快推进碳捕集、碳封存等新技术成果应用，开展污染物和温室气体协同处置相关技术研发与示范推广，推进具有前瞻性、系统性、战略性、颠覆性的技术研发；结构提升路径主要包括进一步推进高端化制造，实现有色金属材料链条向高端延伸，发展高性能新材料。

（三）建筑材料工业

在"双碳"目标引导下，建筑材料工业逐步构建建筑材料工业低碳产业体系将成为重点，规范我国建筑领域混凝土的标准，在保证混凝土性能的基础上，尽可能减少水泥用量，提高水泥产品使用效率。在工程施工方面也需要加强水泥利用效率，通过更优、更细的管理促使水泥用量下降。行业碳排放将向碳中和目标迈进，行业传统生产运营模式实现根本转变，未来行业绿色智能化发展将成为实现碳中和路径的重点，通过智能化技术，来减少熟料煅烧过程的波动性，提高稳定性，从而达到节能减排效果。

（四）石油和化学工业

在"双碳"目标引导下，石油和化学工业碳排放将在前期达峰，并迈向碳中和目标,行业传统生产运营模式实现根本转变,形成完善成熟的适应新能源的生产体系、节能管理体系将成为重点。在行业结构方面,绿氢、二氧化碳等取代油气成为石化企业的主要原料,新型行业产业链条基本建立;在行业政策方面,大幅开发具有生态补偿机制的碳汇项目,持续强化和创新碳排放权交易市场、碳资产管理体系建设,基本实现碳市场全行业覆盖;在行业技术方面,地热、核能等新能源及储能技术与新一代信息技术深度融合,实现对煤电的全部替代和气电的绝大部分替代,大规模普及推广碳捕集、利用与封存(CCUS)和氢能等新技术,基本实现对传统石油和化学工业领域替代。

(五)能源生产、加工、传输环节

在"双碳"目标引导下,能源生产、加工、传输环节技术提升路径主要为研发并推进热电厂热电解耦,进一步提升综合能源系统、能源梯级利用等技术的应用,并加强 CCUS、高能量密度储能等技术的推广,实现提质增效及深度减排;管理提升路径主要为推动电力企业深度参与碳市场,并促进电力市场与碳市场的重新协同发展,通过完善的市场化手段进一步加强企业能效意识及减排意识。

1.2.2 建筑领域

建筑用能包含建筑运行用能以及建筑业用能两大部分。其中,建筑运行用能涵盖居民住宅建筑用能和公共建筑用能,居民住宅建筑又包含城镇住宅和农村住宅两个子类。

(一)居民住宅能效

北方城镇采暖能耗强度降低的措施除高效热源方式占比提高之外还包括建筑保温水平提高和供热系统效率提高等。居民住宅冬季采暖能耗体量比较大,围护结构热性能差是导致目前北方农宅冬季供暖能耗高、室内热环境差的重要原因。通过加强农宅围护结构保温,利用外墙保温技术、门窗保温技术等降低冬季采暖用能需求。研究与实践表明,增强外墙保温、门窗更换、增设暖廊等，可提升能效约 30％。

住宅中燃气普及率的提高和炊事电气化水平的提高，燃煤炊事灶的大量减少使得炊事用能效率大幅提升，户均能耗下降。农村建筑用能充分发展生物质与可再生能源，以减少商品能的使用。改进用能结构，推广绿色照明、高效节能家电等技术实现冬季采暖"无煤化"、炊事和生活热水用能"无煤化"。充分发展生物质与可再生能源利用技术，在北方发展"无煤村"，在南方发展"生态村"。推动"被动式建筑"设计，提升材料效率，推广使用低碳材料、高效隔热建筑围护结构以及照明设备和电器。通过被动式建筑节能技术的使用和可再生能源利用技术，可持续降低能耗。

从政策导向看，我国建筑节能与绿色建筑发展政策总体上要求建筑节能标准加快提升，城镇新建建筑中绿色建筑推广比例大幅提高，既有建筑节能改造有序推进，可再生能源建筑应用规模逐步扩大，农村建筑节能实现新突破，使我国建筑总体能耗强度持续下降，逐步迈向超低能耗、近零能耗、零能耗。另外，国家相关部委相继颁布了一系列的指导文件，倡导绿色生活方式实现城镇住宅节能，并要求在全国范围内逐步建立部、省、市、区级标准化能耗监测平台，最终建立起全国联网的能耗监测平台，有助于利用信息技术实现节能降损。

（二）公共建筑运行

采暖能耗的提升和住宅能效提升类似。公共建筑的制冷耗能非常巨大。2019 年国家发展改革委等 7 部委联合印发《绿色高效制冷行动方案》，提出到2030 年，大型公共建筑制冷能效提升 30％，制冷总体能效水平提升 25％以上，要制修订公共建筑、工业厂房、数据中心、冷链物流、冷热电联供等制冷产品和系统的绿色设计、制造质量、系统优化、经济运行、测试监测、绩效评估等方面配套的国家标准或行业标准。

公共建筑与住宅建筑的终端用能设备有一定区别，办公设备、其他服务设施等用能技术发展趋势与家用电器的发展趋势有一定区别。根据有关调研资料显示，我国公共建筑能耗强度（含采暖）相对于美国、欧洲等发达国家还处于较低水平。随着我国经济社会发展，公共建筑的用电设备和功能也会越来越多，能耗强度进一步增加，公共建筑能效提升任务艰巨。尤其是新基建中，数据中心属于耗能大户，能耗是普通建筑能耗的数倍，尤其是空调制冷能耗突出，提高这类建筑能效水平更为艰巨，在数据中心能源供给中提高可再生能源占比，或者迁移至气候凉爽地区等成为节能减碳趋势。

未来建筑节能实现三个转变——从节能建筑到绿色建筑的转变，从单体建筑向区域推动转变，从"浅绿"到"深绿"转变。随着建筑节能标准的提高，围护结构、用能设备的能效提升空间已经不大，将由重视单项技术应用向重视综合应用效果转变，单项技术改造向系统综合改造转变，节能改造向绿色改造转变，广泛利用综合能源服务技术、可再生能源和清洁能源技术，运行管理向信息化、智能化转变。例如光电建筑是光伏与建筑这两个各自独立行业的融合。光伏建筑一体化（BIPV）市场，此前受制于材料、技术、成本等原因，发展缓慢。目前 BIPV 有了更合适的材料，技术水平也有了较大提升，国家统计局数据显示，光伏可安装面积超 30 亿 m^2，且年新增竣工面积在 40 亿 m^2 以上。中国建筑科学研究院测算，截至目前，我国既有建筑面积可安装光伏 400GW，每年竣工建筑面积可安装 40GW，未来 5 年我国 BIPV 市场将进入快速发展期，潜力巨大。可再生能源将在公共建筑中快速渗透。

为促进公共建筑能效提升，我国以省级公共建筑能耗监测平台和公共建筑能效提升重点城市建设等试点示范建设为抓手，开展了能耗统计、能源审计、能耗监测、能耗公示和节能改造，未来将数字化节能降碳发挥更大作用。国家层面对公共建筑能效提升管理的引导手段逐步向更加偏重市场和商业驱动的融资模式转变，探索绿色金融支持合同能源模式、未来节能收益权抵押、能效交易、碳交易等多元化市场模式将得到发展。同时，配套的节能管理体系、信用体系建设进一步完善，对公共建筑能耗总量和强度指标进行控制。

1.2.3　交通运输领域

交通运输作为工业和生活之外的第三大终端用能领域，能源消费量占全社会终端能源消费量的比重不断提高。公路、铁路、水运、航空以及城市公共交通等五种主要运输的用能产品具体包括成品油、天然气、电力等。

（一）公路

在"双碳"目标引导下，公路运输技术提升路径主要包括轻量化技术、节能汽车技术、新能源汽车技术等，至2060年，新能源汽车年销量占汽车总销量的50％以上，氢燃料电池汽车保有量达到1000万辆左右；结构提升路径主要包括运输结构优化，大宗货物运载量由公路运输向水路和铁路运输转移，至2060年，水路、铁路大宗货物运输量比上年分别提升30％和40％左右；管理提升路径主要体现在智慧交通管理，实现自动化优化调度。

（二）铁路

在"双碳"目标引导下，铁路运输技术提升路径主要包括数字孪生铁路技术、智能牵引供电成套技术等，全面实现铁路运输智能化；结构提升路径主要包括进一步提升绿色铁路比重及运力，至2060年，铁路电气化率达到90％左右，电气化铁路等承运能力较2015年提升40％左右；管理提升路径主要体现在全面实现智慧铁路智慧化管理，大幅提升管理能力，降低能效水平。

（三）水运

在"双碳"目标引导下，水路运输技术提升路径主要海洋领域生物燃料、氢燃料、电气化等技术的研究应用；结构提升路径主要包括加强氢能等新能源在船舶中的应用比重，进一步加大绿色船舶运力；管理提升路径全面实现水运智慧化管理，提升能效水平。

（四）航空

在"双碳"目标引导下，航空运输技术提升路径主要体现在生物航煤、电气化、氢能等技术在航空领域的研究应用；结构提升路径主要包括加强生物航煤、电气化、氢能等新能源在航空领域的应用比重,进一步加大绿色航空运力;管理提升路径全面实现航空智慧化管理,提升能效水平。

1.2.4 农业领域

在"双碳"目标引导下,一是将全面推进互联网＋现代农业,积极推进互联网技术与农业的融合。其中,互联网＋现代农业系统的架构,主要由三个层次,分别是物联网感知层、物联网网络层和物联网应用层。农业领域的感知层主要由常见的传感器、RFID 设备、视频监控设备等数据采集设备组成,实现将数据采集设备获取到的数据通过 ZigBee 节点,CAN 节点等通信模块传送至物联网智能网关,做到现场数据信息实时检测与采集。网络层,主要由 5G 网络进行连接,实现对农业领域各个设备的关联。物联网层将承载能量流,涵盖能源生产、转换、传输、存储和消费等各环节的能源基础设施,以电为中心实现电气冷热等各类能源灵活转换、互通互济。

二是通过推进农网改造、光伏项目等,基本实现多能互补、智能互动的智慧能源网络,能源生产与消费互动融合的能源互联网平台在源网荷储协同互动、虚拟电厂、需求侧响应、车网协同等领域的功能应用,实现能源互联管理"高数智"。充分发挥能源互联网平台的多维赋能作用,挖掘能源数据价值,对内、对外持续拓展能源增值服务能力,基本实现以电为中心能源系统的构建,电气化率将显著提升。

三是将基本形成数字农业,数字化信息作为农业新的生产要素,用数字信息技术对农业对象、环境和全过程进行可视化表达、数字化设计、信息化管理的新兴农业发展形态。在数字农业模式中,通过数字化监控设备,以实时"数据"为核心来帮助生产决策的管控和精准实施,并通过海量数据和人工智能对设备的预防性维护、智能物流、多样化风险管理手段进行数据和技术支持,进而大幅提升农业产业链运营效率并优化资源配置效率等。

2

"十三五"我国节能成效及"十四五"节能展望

2.1 "十三五"我国节能成效及主要举措

"十三五"期间，我国深入贯彻落实创新、协调、绿色、开放、共享的新发展理念，以《"十三五"节能减排综合工作方案》为基础，相继制定和落实了《"十三五"节能环保产业发展规划》《"十三五"全民节能行动计划》《建筑节能与绿色建筑发展"十三五"规划》《工业节能监察重点工作计划》《交通运输节能环保"十三五"发展规划》等一系列国家层面节能降耗政策，各地区同时发布了相应的"十三五"节能环保计划。强调实施全民节能行动计划，实施锅炉、窑炉、照明、电机系统升级改造及余热暖民等重点工程，在重点耗能行业全面推行能效对标，强化重点用能单位节能管理，开展重点用能单位"百千万"行动和节能自愿行动等。全社会单位 GDP 能耗累计下降 13.3 个百分点。

2.1.1 工业领域

（一）黑色金属工业

"十三五"期间，黑色金属工业能源消费总量从 65 422 万 tce 增加到 71 930 万 tce，行业增加值能耗累计下降 8.2%，行业增加值电耗累计下降 1.5%。共实现节能量 7572.4 万 tce，实现节电量 298.2 亿 kW•h，实现减少二氧化碳排放 2.1 亿 t。

一是积极制定发展规划，我国多部委相继《钢铁工业调整升级规划（2016—2020 年）》，对粗钢产能、产能利用率、产能集中度等指标进行了科学规划。

二是大力推进钢铁去产能，2016 年开始钢铁行业坚决贯彻党中央、国务院部署，提前超额完成了压减粗钢产能 1.5 亿 t 以上的"十三五"目标任务，有效清除行业落后产能，推动优势产能高质量发展，极大提升了行业能源整体利用效率。

三是推动智能制造发展，"十三五"期间工业机器人、无人行车、无人台

157

车、无人仓储等智能制造技术在钢铁行业中得到广泛应用，同时大规模定制化水平逐步提升，通过智能制造进行企业间的横向集成及企业内部的纵向集成，已实现智能化的研究、服务、采购、销售。推动了传统钢铁行业生产模式的转型。

四是提升行业创新能力，近年来钢铁工业围绕焦化、烧结（球团）、炼铁、炼钢、轧钢等重点工序开展烟气多污染物超低排放技术、高温烟气循环分级净化技术等组合式系统集成节能减排技术，并就新型非高炉炼铁、小方坯免加热直接轧制等技术展开深入研究，行业节能减排降耗取得明显成效。

（二）有色金属工业

"十三五"期间，有色金属工业增加值能耗累计下降 6.3%，累计节能量 450 万 tce，累计减少二氧化碳排放 1248 万 t；累计节电量 153 亿 kW·h，累计减少二氧化碳排放 1530 万 t。分主要产品看，电解铝、铜单位产品能耗累计分别下降 3%、21.7%。

一是不断化解过剩产能，"十三五"期间我国有色金属工业不断推进转型升级、提质增效，就电解铝产能置换等重点领域相继发布《关于营造良好市场环境促进有色金属工业调结构促转型增效益的指导意见》等一系列指导文件，有效推动了电解铝、铜冶炼、铅冶炼及锌冶炼等细分领域的落后产能淘汰。

二是促进技术创新及推广，有色金属工业转型升级过程中始终将技术作为重要的动力来源，《工业绿色发展规划（2016－2020 年）》等文件明确提出将新型结构铝电解槽、铝液直供、富氧熔炼等技术作为"十三五"期间的重点推广对象，在相关政策支撑下，上述技术及氧气底吹熔炼技术等一批先进科技得到广泛应用；此外，我国高度重视相关领域的技术研发工作，《锌清洁冶炼与高效利用关键技术和装备》等一系列高质量科研项目的顺利完成为有色工业的能效提升提供了有力的技术支撑。

三是大力发展再生金属产业，与原生金属相比再生有色金属的节能效果最为显著，再生铜、铝、铅、锌的综合能耗分别只是原生金属的 18%、45%、

27%和38%,我国"十三五"期间通过加强国内原材料供应、提升产业现代化水平等措施有效推动了再生金属产业的发展,"十三五"我国再生有色金属产量累计达到6900万t,其中再生铜、再生铝、再生铅、再生锌分别约为1600万、3500万、1000万、800万t,占到同期全国有色金属总产量的24%。

（三）石油和化学工业

"十三五"期间,石油和化学工业增加值能耗累计下降5.3%。石油和化学工业累计节能量7730万tce,累计减少二氧化碳排放2.1万t;累计节电量-92亿kW·h,累计增加二氧化碳排放921万t。分主要产品看,炼油、乙烯、合成氨、烧碱、纯碱、电石单产能耗累计分别下降4.5%、5.7%、5.1%、5.8%、2.9%、7.5%,合成氨、电石、烧碱单产电耗累计分别下降5.4%、2.0%、-6.8%。

一是产业结构进一步优化。"十三五"以来,全行业和广大企业把淘汰落后产能、促进转型升级、加快结构调整作为重中之重的工作,有机化学品、合成材料以及化工新材料、精细化学品的增速明显高于无机和基础化工产品,炼油、氯碱、化肥、农药等行业的产品结构得到进一步优化。如炼油行业的产业布局、集中度以及产品结构进一步优化,2016年淘汰落后产能5808万t,原油一次加工能力8.04亿t/a,加工原油量5.41亿t,平均产能利用率67.2%;2017年淘汰落后产能2355万t;2018年再淘汰落后产能1165万t。2016—2018年,烯烃、芳烃等有机化学品和聚烯烃及其专用料的增速明显加快,其中最明显的是工程塑料聚碳酸酯,增速高达22.8%~26.0%,PX的增速也达到2.6%~15.8%。

二是炼化技术的节能减排水平提升。产品质量的提升体现了上游工艺水平的提升。经济技术研究院发布的《2021中国能源化工产业发展报告》指出,"十三五"期间,我国已开发催化裂化系列技术、加氢裂化系列技术、劣质重油加工技术、炼厂轻烃综合利用技术、重油催化裂解制取低碳烯烃技术、芳烃生产技术等一系列核心工艺技术。我国主营炼厂炼油综合能耗从2015年的

65kgoe/t 降至目前的 60kgoe/t，乙烯综合能耗从 2015 年的 568kgoe/t 降至目前的 550kgoe/t。

三是绿色发展水平不断提升。绿色发展战略是石化产业"十三五"发展规划确立的战略之一。2016 年国家发展和改革委和工业和信息化部联合发布《关于促进石化产业绿色发展指导意见》，2017 年中国石油和化工联合会研究发布了贯彻《指导意见》的《石化产业绿色发展行动计划》和六大专项行动方案。2017 年以来石化联合会共评出绿色工厂 125 家、绿色产品 258 个、绿色石化园区 9 家、绿色工艺 30 项。全行业的物耗、能耗、水耗以及废弃物排放量都持续下降，2016—2018 年全行业万元收入耗标准煤分别是 0.47、0.53、0.47t。

（四）建筑材料工业

我国是世界最大的建筑材料生产和消费国。"十三五"期间建筑材料工业累计节能量 3213 万 tce，其中，水泥行业依靠错峰生产政策，减少二氧化碳排放 15.3 亿 t，二氧化硫 5.34 万 t，氮氧化物 196.1 万 t，颗粒物 2.61 万 t，累计节能 1864 万 tce。"十三五"期间，从不同产品单耗下降情况来看，水泥、砖、卫生陶瓷、平板玻璃能耗累计降幅分别为 6.4%、6.1%、0.8% 和 10.6%，平板玻璃降幅最大。

一是产业结构优化取得重大进展。水泥、玻璃、建筑陶瓷等新增产能得到有效控制。混凝土、水泥制品、玻璃深加工产品等加工制品业快速发展。以高端特种玻璃、特种陶瓷、人工晶体、碳纤维为代表的无机非金属新材料技术取得突破进展。水泥和玻璃等行业的集中度进一步提升。各种专业化、特色化的建材园区或集群发展迅速，形成了以成都青白江区新材料、泉州水头石材为代表的一批特色突出、规模较大、集群化发展的建材产业园区或集群。

二是利用先进节能技术。"十三五"期间水泥行业加大了节能降耗减排技术的应用力度。据中国水泥协会统计，2019—2020 年开工的水泥智能化、绿色化、服务化、高端化技术改造项目等超过 200 个，总投资额约 590 亿元，超过 2016 年全行业利润。水泥、玻璃、建筑陶瓷等生产线在 2019 年底基本实现全面排放达标。工业废渣、副产物和矿山尾矿在水泥及制品、墙体材料等产业的年利用量稳定在 15 亿 t 左右。

（五）电力行业

"十三五"期间，我国电力行业在节能降耗领域取得了重要进展，能源利用效率显著提高，累计实现节能 6934 万 tce，6000kW 及以上火电厂供电标准煤耗累计下降 3.2%，全国电网线损率下降 1 个百分点。

一是积极制定行业发展规划和节能目标。"十三五"期间，国家发展改革委、国家能源局等部门发布了《电力发展"十三五"规划（2016－2020 年）》等重要文件，从淘汰落后产能、发电机组平均供电煤耗、电网综合线损率等方面对电力行业的节能降耗工作提出了具体要求。

二是全面实施燃煤机组超低排放与节能改造。"十三五"期间，我国全面启动了煤电机组超低排放和节能改造工程，清洁高效的煤电技术得到推广应用，促进了全行业新旧动能转换，显著降低了整个电力部门的能耗水平。截至 2020 年底，我国达到超低排放水平的煤电机组约 9.5 亿 kW，节能改造规模超过 8 亿 kW。

三是大力推动节能技术创新和机制创新。"十三五"期间，电力行业在清洁高效发电、特高压输电、智能电网、储能等领域取得了众多科技创新成果。在此基础上，电力系统以节能环保低碳为目标，制定了更加科学可行的电力调度机制，为消纳可再生能源，减少能源、资源消耗和污染物排放做出了重要贡献。截至 2019 年，电力行业已提前一年实现国家《清洁能源消纳行动计划（2018－2020 年）》新能源利用率 95% 以上工作目标。

四是不断深化电力体制改革。"十三五"期间，电力市场建设取得了明显成效，对于发电侧淘汰落后产能、消纳清洁能源，用电侧提高需求响应能力、节能降耗发挥了积极的推动作用。目前，全国有 8 家电力现货市场建设试点已启动试运行，省间电力市场中长期交易和现货交易也已投入运营。2020 年，全国各电力交易中心累计组织完成市场交易电量 31 663 亿 kW•h，其中长期电力直接交易电量合计 24 760 亿 kW·h，占全社会用电量比重为 32.9%。

2.1.2 建筑领域

"十三五"时期我国建筑节能成效显著，累计节能 2.1 亿 tce。

一是我国开展了绿色建筑创建行动，加大了城镇新建建筑强制执行绿色建筑标准的力度，全国省会以上城市保障性住房、政策投资公益性建筑、大型公共建筑全面执行绿色建筑标准。住房和城乡建设部印发的《建筑节能与绿色建筑发展"十三五"规划》提出的城镇新建建筑中绿色建筑面积比重超过 50%，2019 年当年全国城镇新建建筑中绿色建筑面积比重达到 65%，累计建成绿色建筑面积超过 50 亿 m²，整体发展达到规划预期效果。

二是推进既有建筑节能改造。"十三五"期间，全国累计完成既有建筑节能改造面积超过 7 亿 m²，2020 年完成改造面积 2 亿 m²。"十三五"期间累计完成城镇既有居民建筑节能改造约 3 亿 m²，公共建筑节能改造约 1.63 亿 m²，已超出完成"十三五"相关规划中完成公共建筑节能改造 1 亿 m² 目标。国家机关办公建筑和大型公共建筑的能源统计、能源审计和能源信息公示不断增强。我国公共建筑具有能耗强度大，节能效果明显的特点，是建筑领域节能减排的重点。

三是北方地区冬季清洁取暖取得显著进展。从 2017 年到 2020 年底，我国确定了 43 个城市为清洁取暖试点城市。截至 2020 年底，北方地区清洁取暖率达到约 65%，京津冀及周边地区、汾渭平原清洁取暖率达 80% 以上❶。

四是可再生能源在建筑中应用不断扩展。"十三五"期间，太阳能光热、浅层地热能在建筑中应用增长普遍趋缓，太阳能光伏发电发展较快，空气热能建筑应用需求不断扩展。"十三五"期间，全国城镇新增太阳能光热建筑应用面积约 30 亿 m²，新增太阳能光电建筑装机容量约 5700 万 kW，新增浅层地热

---

❶ 张建国，"十三五"建筑节能低碳发展成效与"十四五"发展路径研究。

能建筑应用面积 2 亿 m²。城镇建筑可再生能源替代常规能源比重超过 6%，较 2015 年提高了约 2 个百分点。

2.1.3 交通运输领域

"十三五"期间，交通运输行业增加值能耗累计下降 16.0%，累计节能量 2668 万 tce，累计减少二氧化碳排放 7390 万 t；累计节电量 7421 万 kW•h，累计减少二氧化碳排放 7.4 万 t。从不同交通运输方式单耗下降情况来看，公路、铁路、水运、民航单位周转率能耗累计降速分别为 9.0%、5.1%、1.9% 和 9.8%，公路、民航下降幅度较大。其中，轨道交通平均周转量能耗、电气化铁路单位运输周转能耗累计分别下降 5.8% 和 0.8%。

一是积极制定政策规划，从 2016 年开始，我国相继发布《交通运输节能环保"十三五"发展规划》《关于全面深入推进绿色交通发展的意见》《国家综合立体交通网规划纲要》等一系列重要文件，提出推动绿色出行，以及建设高质量、绿色、智能交通体系等一系列目标，并明确了重点任务及部分指标，为进一步提升我国交通领域能源利用效率提供了科学指引。

二是推动先进技术创新，为进一步提升我国在交通运输装备及管控系统方面的先进性，我国在"十三五"期间着重就高速货运成套装备、智能船舶和超大型港口、电动汽车及动力电池、车联网等领域开展关键技术攻关，基本形成了满足我国需求、总体上国际先进的现代交通运输核心技术体系。

三是促进交通领域电能替代，终端能源中电能使用效率远高于化石能源，我国近年来在港口岸电、电动汽车、电动轨道交通、机场路电等领域积极推进电能替代项目，大力提升交通领域中电能占终端能源消费比重。截至"十三五"末，我国交通领域替代电量约 600 亿 kW•h，电动汽车保有量近 500 万量，同时基本实现重要城市及区域枢纽以上机场廊桥桥载设备替代 APU 全覆盖，交通领域电气化水平得到显著提升。

四是大力优化运输结构，为改变我国交通运输结构过分倚重公路交通运输，而水运、铁路等低碳高效运输方式比重较低的局面，我国在"十三五"期间提出力争优化涵盖铁、公、水、航的整体交通网络布局，截至 2020 年底我国动车组列车承担了铁路客运量的 70％，民航航班正常率连续 3 年超过 80％，同时铁路在货运量中的占比由 7.6％增加到 9.8％，水运占比由 14.5％增加到 16.4％。

2.1.4 农业领域

"十三五"期间，农业领域行业增加值能耗累计下降 10.3％，累计节能量 1005 万 tce，累计减少二氧化碳排放 25 万 t；累计增加电量 60.8 亿 kW·h，累计增加二氧化碳排放 6.5 万 t。

一是大力提升农业生产电气化水平，我国针对农业生产不同环节，充分发挥农网升级改造成果，实施农田机井通电工程，替代柴油动力，并不断探索电气化粮食烘干、农业电气化大棚、烟叶烘干、棉花烘干、电制茶等多类新型农业电能替代技术的应用与实践；同时我国积极建设乡村电气化示范县工程，通过典型试点积极探索可推广、可复制的农业电气化推广方案。

二是积极促进农业生产机械化及信息化转型，我国农村农业部等多部委相继印发了《全国农业机械化发展第十三个五年规划》《农业机械报废更新补贴实施指导意见》等相关文件，着力补短板、强弱项，截至"十三五"末，全国农作物耕种机械化率达到 71％，其中水稻、玉米等主要农作物中收割机械化率分别超 85％、90％，与此同时，我国高度重视农业领域信息化建设，"十三五"期间我国相继启动实施数字农业建设试点，适合农业观测的高分辨率遥感卫星"高分六号"成功发射并正式投入使用，精准服务于动植物疫病远程诊断、轮作休耕监管、农机精准作业、无人机飞防等领域，截至 2020 年底，12316 信息进村入户服务已覆盖所有省份，公共信息服务正在惠及更多农民。

三是加强农业领域关键技术研发，我国持续建设 50 个主要农产品现代农业产业技术体系，形成 80 多个农业科技创新联盟，南京、太谷、成都、广州、武汉 5 个现代农业产业科技创新中心建设取得积极进展，"农业硅谷"初具雏形。2020 年，我国农业科技进步贡献率达到 60%。

2.2 "十四五"我国提升能效的展望

当前，我国能源消费继续保持增长，占全球能源消费的比重约为 26.1%，且煤炭消费占比仍然较高，占全球煤炭消费总量的 54.3%。我国单位 GDP 能耗是世界平均水平的 1.7 倍，是 OECD 国家平均水平的 2.9 倍，相比于国际先进水平仍有较大的进步潜力。尤其在碳达峰、碳中和的时代背景下，更需要坚持把节约能源资源放在首位，充分发挥节能的源头把控作用，推动我国能效水平提升至世界一流乃至全球领先水平，形成有效的碳排放控制阀门。

"十四五"规划中进一步强调了节能优先的方针，并为未来五年节能降耗增效成果设立了新的目标。根据"十四五"规划纲要，2025 年单位 GDP 能耗计划相较于 2020 年需下降 13.5%。近日，国家发展改革委、国务院等发布的《完善能源消费强度和总量双控制度方案》《完整准确全面贯彻新发展理念 做好碳达峰碳中和工作的意见》《2030 年前碳达峰行动方案》等文件为我国能效提升与节能工作做出了进一步规划，重点强调通过全面提升节能管理能力、实施节能降碳重点工程、推进重点用能设备节能增效、加强数据中心等新型基础设施节能降碳等措施，落实节约优先方针，完善能源消费强度和总量双控制度，严格控制能耗强度，合理控制能源消费总量，推动能源消费革命，建设能源节约型社会。

2021 年 10 月，国家发展改革委等部门印发的《关于严格能效约束推动重点领域节能降碳的若干意见》明确提出：要加快重点领域节能降碳步伐，推动重点工业领域节能降碳和绿色转型，坚决遏制全国"两高"项目盲目发展；首批聚焦能源消耗占比较高、改造条件相对成熟、示范带动作用明显的钢铁、电解铝、水泥、平板玻璃、炼油、乙烯、合成氨、电石等重点行业和数据中心组织实施；到2025年，通过实施节能降碳行动，钢铁、电解铝、水泥、平板玻璃、炼油、乙烯、合成氨、电石等重点行业和数据中心达到标杆水平的产能比例超过30%，行业整体能效水平明显提升，碳排放强度明显下降。

2.2.1 工业领域

预计"十四五"期间工业领域单位GDP能耗累计下降14%，其中，工业制造业四大高耗能行业仅有色金属工业降幅较小，黑色金属工业、建筑材料工业、石油和化学工业降幅均较大。

（一）黑色金属工业

"十四五"期间，我国力争形成产业布局合理、技术装备先进、智能化水平高、绿色低碳可持续的钢铁工业发展格局，到2025年，通过实施节能降碳行动，钢铁行业能效达到标杆水平的产能比例超过30%，行业整体能效水平明显提升。

一是进一步夯实产业基础，产业链现代化水平明显提升，产能利用率保持在合理区间。装备水平大幅提升，先进水平焦炉产能占比达到70%以上，先进炼铁、炼钢产能占比均达到80%以上。智能制造水平显著增强，关键工序数控化率达到80%左右，生产设备数字化率达到55%，打造50个以上智能工厂。

二是不断优化产业结构，提升产业聚集化发展水平，推进钢铁企业跨地区、跨所有制兼并重组，提高行业集中度，打造若干家世界超大型钢铁企业集团以及专业化一流企业，力争前5位钢铁企业产业集中度达到40%，前10位钢铁企业产业集中度达到60%；电炉钢产量占粗钢总产量比例提升至15%以上，力争达到20%；废钢比达到30%。

三是促进产业绿色低碳转型，推进产业间耦合发展，构建跨资源循环利用体系，行业超低排放改造完成率达到80%以上，重点区域内企业全部完成超低排放改造，污染物排放总量降低20%以上，能源消耗总量和强度均降低5%以上，水资源消耗强度降低10%以上，水的重复利用率达到98%以上。

166

四是建立技术改造企业清单。开展钢铁等现有企业的项目能效调查情况，科学评估拟建项目，按照相关法律法规并经过企业申辩、专家评审，建立企业能效清单目录。有关部门组织申报、评选全国节能降碳或改造提升效果明显企业，发布行业能效"领跑者"名单，形成一批可借鉴、可复制、可推广的节能典型案例。

（二）有色金属工业

重点推动电解铝等行业的能效提升，到 2025 年能效达到标杆产品的产能比例超过 30%，碳排放强度明显下降，绿色低碳发展能力显著增强。

一是制定技术改造实施方案。在确保经济平稳运行、社会民生稳定基础上，制定相关企业技术改造总体实施方案，引导能效水平相对落后的企业实施技术改造，合理制定节能改造时间表及路线图。

二是引导低效产能有序退出。巩固化解电解铝过剩产能成果，严格执行产能置换，严控新增产能，综合发挥能耗、排放等约束性指标作用，严格执行有关标准、政策，加强监督检查，引导电解铝等有色金属行业低效产能有序退出。

三是推进产业结构优化调整。做好产业布局、结构调整，节能审查与能耗双控政策的衔接，推动电解铝等有色金属工业集中集聚发展，提高集约化、现代化水平，形成规模效益，降低单位产品能耗。

四是创新发展绿色低碳技术。深入研究电解铝等有色金属相关节能低碳技术发展路线，加强节能低碳关键共性技术、前沿引领技术、颠覆性技术研发。加快适用节能低碳技术产业化应用，进一步提升能源利用效率。

（三）石油和化学工业

"十四五"期间，我国石油和化学工业将以去产能、补短板为核心，以调结构、促升级为主线。到 2025 年通过实施节能降碳行动，炼油、乙烯、合成氨、电石行业达到标杆水平的产能比例超过 30%，国内原油一次加工能力控制在 10 亿 t 以内，主要产品产能利用率提升至 80%。

一是持续优化产业整体布局。按照"优化整合传统化工、强化提升石油化工、升级推进新型煤化工、发展完善化工新材料"的发展思路，通过去产能、补短板，推进企业优胜劣汰。通过调整产品结构，提高化工产品的高端化和绿色化比率。引导低效产能有序退出，严格执行《产业结构调整指导目录》等规定，推动 200 万 t/a 及以下炼油装置、天然气常压间歇转化工艺制合成氨、单台炉容量小于 12 500kV·A 的电石炉及开放式电石炉淘汰退出。

二是推广节能低碳技术装备。推广重劣质渣油低碳深加工、合成气一步法制烯烃、原油直接裂解制乙烯等技术。鼓励采用热泵、热夹点、热联合等技术，加强工艺余热、余压回收，实现能量梯级利用。修订完善石油和化学工业政策标准，对照行业能效基准水平和标杆水平，适时修订《炼油单位产品能源消耗限额》《乙烯装置单位产品能源消耗限额》等相关标准。

三是推动产业协同聚集发展。坚持炼化一体化、煤化电热一体化和多联产发展方向，构建企业首尾相连、互为供需和生产装置互联互通的产业链，提升石油和化学工业资源及能源综合利用水平，减少物流运输等环节等能源消耗。推动产业向大型化、一体化、集群化、园区化方向发展，突出能源环境等基础设施共享共建，降低单位产品能耗和碳排放，鼓励石化化工不同领域的融合发展。

预计 2019—2025 年，石油和化学工业主营业务收入年均增速在 5%～5.5%，到 2025 年达 15 万亿～16 万亿元。在主要产业规模方面，预计到 2025 年主要产品年产能为：炼油 9.3 亿 t、乙烯 5000 万 t、PX 4300 万 t、合成氨 6600 万 t、磷肥（折纯）2000 万 t、PVC 2700 万 t、煤制烯烃 950 万～1050 万 t、煤制乙二醇 1000 万 t、各类化工新材料约 4500 万 t。❶

（四）建筑材料工业

到 2025 年，通过实施节能降碳行动，预计水泥、平板玻璃行业能效达到标杆水平的产能比例超过 30%，行业整体能效水平明显提升。

一是加快产业结构调整优化。综合发挥能耗、排放等约束性指标作用，严

---

❶ 石油和化学工业规划院《石化化工行业"十四五"规划研究报告》。

格执行有关标准、政策，加强监督检查，引导低效产能有序退出。如根据相关政策要求，水泥熟料的可比熟料综合能耗标杆水平为100kgce/t，平板玻璃（>800t/天）单位产品能耗的标杆水平为8kgce/重量箱。推动水泥、平板玻璃等行业集中集聚发展，提高集约化、现代化水平，走差异化、专业化、高端化发展道路，降低单位产品能耗。建筑材料中，水泥是产能严重过剩行业，其结构性节能的潜力最大。水泥行业协会预计水泥熟料产量在"十四五"期间将达到消费和产量峰值，预计在继续压减产能、淘汰落后和巩固去产能的基础上水泥行业可提前实现碳达峰。

二是创新发展绿色低碳技术。基于产品全生命周期绿色发展理念，开展工业产品绿色设计，开发优质、高强、长寿命的水泥、平板玻璃绿色设计产品，引导下游行业选用绿色产品，建设绿色工厂。加快先进适用节能低碳技术产业化应用，使用生物质燃料等替代原燃料、节能风机工艺、节能辊压机粉磨技术、高能效熟料烧成技术、低温余热发电技术、窑炉节能监控优化和能效管理技术等手段进行节能，进一步降低产品能耗水平。重点围绕绿色低碳技术、智能制造技术，布局和储备一批前沿碳减排技术，提升自动化、智能化水平，力争在清洁能源利用、燃料替代、减污降碳等方面取得突破。

（五）电力行业

"十四五"期间我国将继续推进能源革命，建设清洁低碳、安全高效的能源体系，持续提高能源供给保障能力。2021年3月，在中央财经委员会第九次会议上提出要构建以新能源为主体的新型电力系统。预期到2025年，单位国内生产总值电耗较2020年下降6.0%，火电平均供电煤耗低于302g/（kW·h），电网综合线路损失率控制在5.5%以内。

一是大力发展清洁能源。加快可再生能源建设，努力提高水电等清洁能源在电源结构中的比重，服务国家双碳目标。按照国家电力发展规划，大力提升风电、光伏发电规模，加快发展东中部分布式能源，有序发展海上风电，加快西南水电基地建设，安全稳妥推动沿海核电建设。预期2025年全国常规水电装机 3.7 亿 kW，风电装机 3.8 亿 kW，太阳能发电装机 4.0 亿 kW，生物质发电装机 6500 万 kW，核电装机 0.7 亿 kW，气电装机 1.5 亿 kW。

二是全面推动煤电清洁高效发展。2021 年 10 月 29 日，国家发展改革委发布了《关于开展全国煤电机组改造升级的通知》，强调做好节煤降耗改造，对供电煤耗在 300gce/（kW·h）以上的煤电机组，应加快创造条件实施节能改造，对无法改造的机组逐步淘汰关停，并视情况将具备条件的转为应急备用电源。"十四五"期间改造规模不低于 3.5 亿 kW。

三是优化发电调度运行，改善电网性能。优先安排可再生能源、高效、污染排放低的机组发电，限制能耗高、污染大、违反国家产业政策的机组发电。重点对火电机组进行优化调度，鼓励煤耗低、污染排放少、节水型机组发电。提高特高压输电通道利用率。加强电力系统调峰能力建设，减少冗余装机和运行成本。规范线损管理，降低供电损耗，抓好各个环节的节能降耗工作。

四是推动"互联网＋"智慧能源发展。加快推进能源全领域、全环节智慧化发展，积极推进智能变电站、智能调度系统建设，扩大智能电表等智能计量设施、智能信息系统、智能用能设施应用范围，提高电网与发电侧、需求侧交互响应能力。到 2025 年，初步建成国际领先的能源互联网。

2.2.2 建筑领域

根据住房和城乡建设部起草的《"十四五"建筑节能和绿色建筑发展规划〈征求意见稿〉》，未来随着绿色建筑管理机制不断改革创新，建筑节能标准不断提高，绿色建筑将进入全面普及发展阶段。预计到 2025 年，城镇新建建筑全面建成绿色建筑，城镇新建建筑能效水平提升 15%，完成既有建筑节能绿色改造面积 2 亿 m² 以上，建设超低能耗建筑 2000 万 m²，建筑领域能源消费总量控制在 13 亿 tce 以下，城镇可再生能源替代常规能源消耗比例超过 8%，建筑用能电气化比例超过 50%。

随着未来建筑总量持续增加，人民群众改善居住舒适度需求，预计建筑用能需求将进一步增长。我国建筑发展的方向是零排放建筑，需要采取系统综合改造、清洁能源应用、信息技术、智能技术等手段。未来需要通过提高建筑节能标准、实施既有居住建筑节能改造、加大公共建筑节能监管力度、积极推广可再生能源，使建筑能源利用效率进一步提升，有效遏制建筑运行能耗和碳排放的增长趋势。预计"十四五"期间建筑领域单位 GDP 能耗累计下降 12%。

2.2.3 交通运输领域

"十四五"期间，我国交通领域为进一步推动"提质效"重点工作开展，将着重在运输结构优化、交通数字化转型等方面发力，集装箱铁水联运量年均增长 15% 以上。到 2030 年，当年新增新能源、清洁能源动力的交通工具比例达到 40% 左右，营运交通工具单位换算周转量碳排放强度比 2020 年下降 9.5% 左右，国家铁路单位换算周转量综合能耗比 2020 年下降 10%。陆路交通运输石油消费力争 2030 年前达到峰值，城区常住人口 100 万以上的城市绿色出行比例不低于 70%，民用运输机场场内车辆装备等力争全面实现电动化。预计"十四五"期间交通领域单位 GDP 能耗累计下降 10%。

一是加速运输结构升级，在我国"十四五"规划中明确提出完善构建快速网、完善干线网，优化铁路客运布局，推动内河高等级河道扩能升级，进一步加强铁运、航运在交通运输领域中的作用，进而构建多位一体、多层级的交通运输体系。

二是推进交通基础设施数字化、网联化、智能化，推动传统基础设施数字化升级改造，推动发展自动驾驶、智能航运等技术发展与试点应用，并不断提高运营管理智慧化水平，打造综合交通运输"数字大脑"，构建数字出行网络、智慧物流服务网络、现代化行业治理信息网络。根据《节能与新能源汽车技术路线图 2.0》《新时代交通强国铁路先行规划纲要》《内河航运发展纲要》等政策规划，预计到 2025 年乘用车（含新能源）新车平均油耗达到 4.6L/（100km）、传统能源乘用车（不含新能源汽车）平均油耗达到 5.6L/（100km）、混合动力乘用车平均油耗达到 5.3L/（100km）、载货汽车油耗较

2019 年降低 8%～10%；到 2035 年率先建成国际领先的现代化铁路强国，建成全国铁路网 20 万 km 左右，内河千吨级航道达到 2.5 万 km，内河货物周转量占全社会比重达到 9%。

2.2.4　农业领域

根据《"十四五"全国农业绿色发展规划》等相关文件，"十四五"期间我国农林牧渔领域将在推动生物质能的高效利用，以及绿色科技创新及技术推广，持续提升资源利用水平，推动农业绿色低碳发展。预计"十四五"期间农业领域单位 GDP 能耗累计下降 16%。

一是推动生物质能发展及利用。有序发展以秸秆为原料的生物质能，因地制宜发展秸秆固化、生物炭等燃料化产业，逐步改善农村能源结构，提升生物质能整体利用效率，2025 年前在大气污染防治重点领域基本完成相关工作。

二是推进农产品加工业绿色转型。坚持加工减损、梯次利用、循环发展方向，改善相关领域设施装备条件，加快绿色高效、节能低碳的农产品精深加工技术集成应用。

三是推进绿色技术集成创新。围绕农业深度节水等关键领域，组织科研和技术推广单位开展联合攻关，攻克一批关键核心技术，研发一批绿色投入产品。

四是加快绿色农机装备创制。按照智能、系统集成理念，推动农机装备向模式化、智能化转变；鼓励高效节能农用发动机、高速精量排种机、喷雾机喷嘴等重要零部件研发制造，加快产业化步伐，进一步促进传统农机装备向绿色、高效、智能方向升级。

3

用能权交易与能效

用能权交易机制是一种实现节能的市场机制，其通过能源消费量交易引导社会资本向节能领域投资并促进绿色技术进步。自"十三五"首次在国家层面正式提出以来，用能权交易机制不断推进和完善，成了助力能源消费革命、促进绿色低碳发展的重要举措之一。

3.1 用能权交易现状

2015 年 10 月，《中共中央关于制定国民经济和社会发展第十三个五年规划的建议》中提出"建立健全用能权、用水权、排污权、碳排放权初始分配制度"。2016 年 7 月，国家发展改革委印发了《用能权有偿使用和交易制度试点方案》（以下简称《方案》），提出在浙江省、福建省、河南省、四川省开展用能权有偿使用和交易制度试点工作。2017 年 12 月，国家发展改革委办公厅下发《关于浙江省、河南省、福建省、四川省用能权有偿使用和交易试点实施方案的复函》（发改办环资〔2017〕2078 号），正式批复四省开展用能权有偿使用和交易试点工作方案。2021 年 3 月，《中华人民共和国国民经济和社会发展第十四个五年规划和 2035 年远景目标纲要》中进一步明确"推进排污权、用能权、用水权、碳排放权市场化交易"。

2015 年，浙江省率先启动了用能权交易试点，在 2018 年和 2019 年分别印发了《浙江省用能权有偿使用和交易试点工作实施方案》和《浙江省用能权有偿使用和交易管理暂行办法》，并于 2019 年 12 月 26 日正式启动市场交易。2017 年，福建省印发了《福建省用能权有偿使用和交易试点实施方案》，率先在水泥和火电两个行业（共计 88 家）开展用能权交易试点，并于 2018 年 12 月 19 日正式启动用能权交易。2018 年，河南省印发了《河南省用能权有偿使用和交易试点实施方案》，形成了用能权"1+4+N"制度体系，同年，四川省印发了《四川省用能权有偿使用和交易管理暂行办法》，确定了钢铁、水泥、造纸三个行业首批纳入用能权交易，公布了 110 家第一批纳入用能权交易的重点用能单位名单。河南省和四川省分别于 2019 年 12 月 22 日和 2019 年 9 月 26 日正式启动用能权交易。

2021 年 9 月，国家发展改革委印发了《完善能源消费强度和总量双控制度方案》，提出建设全国用能权交易市场，建立能源消费总量指标跨地区交易机制，在能耗强度降低的基本目标确保完成的情况下，指标不足的省市可向能耗强度降低顺利且总量指标有富余的省市有偿购买总量指标。

3.2　用能权交易与能效的关系

根据国际能源署的《全球能源回顾 2019》和《世界能源投资 2020》等相关报告，能效提升是促进绿色低碳发展的最重要途径之一。2019 年针对建筑、交通、工业部门能效提升的投资总额为 2500 亿美元。扣除物价上涨因素，各国政府用于新型能效技术研发的资金总计高达 45 亿美元，比上年增长 12%。能效是能源相关研发投资总额中占比最大的投资方向之一。

用能权交易与绿色低碳发展之间通过能效形成了连接纽带。一方面，能效管理是开展用能权交易的基础条件。从用能权交易制度体系设计来看，在用能权交易工作中，一个很重要的工作就是用能单位初始用能权的确定，确权的基础就是科学合理的能效管理和评估。《方案》指出"产能严重过剩行业、高耗能行业可采用基准法，即结合近几年产量、行业能效'领跑者'水平以及化解过剩产能目标任务，确定初始用能权"。通过各行业能效水平确定各企业的能耗总量配额，即初始用能权，低能耗企业与高耗能企业构成能源消费的供需双方，从而展开用能权交易。另一方面，用能权交易有利于促进用能效率的提升。交易的本质是实现资源的最优配置，在保障企业投入产出不变或增长的同时，实施用能权交易能够实现倒逼企业为提升效益或减少损失而主动提升用能效率，并且减少能源浪费，实现单位产量或产值的能耗下降，从而促进绿色低碳发展。

从企业角度看，对于单位生产能耗较高的企业，在保证产出的前提下，其必须通过购买用能权或进行技术改造来降低单位生产能耗，一旦大部分企业选择购买用能权则会提高市场价格进而不断增加用能成本，最终倒逼企业进行技术进步投入以降低单位生产能耗，否则，企业在价格竞争方面将处于劣势。对于单位能耗较低的企业，其产品价格本身就存在优势，在用能权交易的前提下，还可以通过出售用能权余量获得额外收益，该部分收益又可以进一步投入到技术改造中，从而实现正向循环，保持技术领先。

从行业角度看，高耗能产行业是当前用能权交易的重点，其他行业将逐步纳入考核范围。按发电煤耗法计算，2018 年我国能源消费总量为 47.2 亿 tce，工业能源消费占比为 65.9%。其中，包括钢铁制造和铁合金制造行业等的黑色金属冶炼和压延加工业，有色金属冶炼和压延加工业，包括水泥、陶瓷、混凝土、玻璃等的建筑材料工业，包括原油加工、乙烯、合成氨、烧碱、纯碱等制造的石油和化学工业，以及电力、煤气及水生产和供应业等行业的能源消费总量占比较大，相关企业将是最先纳入用能权交易考核的重点行业。

从全社会角度看，用能权交易制度通过设定能源消费总量目标并将其确权给私人用于交易，从而实现企业间能源消费匹配。供需双方形成的市场价格使得边际用能成本较低的企业受利润的驱使尽可能节能，从而降低用能成本。换言之，可交易的用能权能够在受管制的用能主体之间建立起一个分配能源消费的市场，确保能够以更低的成本用能，从而降低经济生产过程中每单位产品的能源消费量，单位能源资本的生产率得到提升，最终实现全社会整体能效的提升。

3.3 发展用能权交易市场需关注的问题

3.3.1 政策和机制设计方面

一是考虑用能权交易市场的运行成本。在我国碳达峰和碳中和的目标下，

176

用能权交易的重要性凸显，是未来我国缓解能源约束和实现碳减排、推进生态文明体制改革的重大举措。用能权交易体系的构建是一个系统工程，需要付出巨大的社会成本。用能权交易涉及用能企业的覆盖面和交易制度的复杂程度都直接影响用能权交易市场构建与运行的成本。因此，在用能权交易体制机制设计上要注重成本与效益的关系。

二是加强监管力度和引入惩罚机制。加强政府监管可以促进市场有效运行，维护企业利益，保障企业的活跃度和市场的流动性。在未来的用能权交易机制设计中应进一步明确责任主体和监管部门，并逐步引入类似于碳市场交易机制中的惩罚机制，以加强企业参与用能权交易或实施节能改造的积极性。

三是科学合理地设定用能权交易初始价格。《方案》中规定的交易价格为"用能权初始交易价格由试点地区确定，伴随市场发展，逐步过渡到由交易方集合竞价方式形成交易价格"。初始交易价格即政府指导价格，合理的市场价格能够反映用能权的稀缺性。只有保持用能权的稀缺性才能激励企业减少不必要的能源浪费以及技术进步投入。

四是考虑用能权考核中的绿色能源电力使用问题。《方案》中规定的用能权配额指标为"在能源消费总量控制目标的'天花板'下，合理确定用能单位初始用能权"。能源消费总量既包含了化石能源消费又包含了非化石能源消费，虽然政策中指出"鼓励可再生能源生产和使用，用能单位自产自用可再生能源不计入其综合能源消费量"，但其并未排除绿色能源电力的购买和使用量，这与大力推进可再生能源消纳机制是相悖的。因此，在制度设计中需要考虑企业绿色用能考核的相关问题。

3.3.2　交易市场间协同方面

一是考虑用能权市场、碳市场和电力市场的协同耦合。以高耗能的发电企业为例，用能权交易与碳交易分别是企业实现节能和减排的两种市场行为。在两个市场中，企业或者付出交易成本购买配额，或者选择技术进步投入降低单位能耗和碳排放，或者承担高额罚金。企业在用能权市场和碳市场中需要付出成本，而在电力市场中通过售电获取收益。因此，用能权市场、碳市场和电力市场不是相互独立的，三个市场需形成完善的协同耦合机制才能既实现企业的节能减排，又能保证企业的利润，从而支撑绿色低碳循环发展的经济体系。

二是考虑用能权交易与需求侧管理间的协同。需求响应通过经济手段引导用户改变用能行为，本身也应属于广义的"用能权交易"范畴。比如，在电力尖峰时段，用户可以根据自身实际选择削减负荷获得收益，也可以选择继续用电但付出较高昂的电费，这实际就是一种间接的用能权交易。用能权交易只明确了用能总量的约束，而需求响应则更强调特定时段的"用能权"，非特定时段无约束，这就可能出现用户响应后只是调整了用电（能）时段，并未影响用电（能）总量的情况。但需要注意的是，虽然用电（能）总量未改变，但通过改变用电（能）时段可以实现削减尖峰负荷、降低峰谷差等作用，对提升电力系统的整体效率仍然具有重要意义。因此，在后期用能权交易的细则设计中，可以在总量约束的基础上，考虑时序因素的影响。

三是逐步构建全国统一用能权交易市场。降低用能权交易机制的运行成本，搭建企业间交流平台，建立信息披露机制，提高市场流动性，进而提高市场运行效率。试点区域性用能权交易市场，逐步与全国统一碳市场衔接，逐步构建全国统一用能权交易市场。

附录1 我国经济、能源、电力部分数据

附表 1-1　　　　　　　经济、能源、电力主要指标

类　别		2010 年	2015 年	2016 年	2017 年	2018 年	2019 年	2020 年
人口（万人）		134 091	137 462	138 271	139 008	139 538	140 005	141 212
城镇人口比重（%）		49.9	56.1	57.3	58.5	59.6	60.6	63.9
GDP 增长率（%）		10.6	6.9	6.7	6.8	6.6	6.1	36.1
GDP（亿元）		412 119	685 993	740 061	820 754	900 309	990 865	1 015 986
经济结构（%）	第一产业	9.3	8.4	8.1	7.6	7.2	7.1	7.7
	第二产业	46.5	41.1	40.1	40.5	40.6	39.0	37.8
	第三产业	44.2	50.5	51.8	51.9	52.2	53.9	54.5
人均 GDP（美元）		4551.0	8032.2	8081.5	8768.2	9768.8	10 276.4	10 438.4
一次能源消费量（Mtce）		3606.5	4299.1	4358.2	4490.0	4640.0	4870.0	4980.0
原油进口依存度（%）		54.5	59.8	64.4	67.4	69.8	70.8	73.0
城镇居民人均可支配收入（元）		19 109	31 195	33 616	36 396	39 251	42 359	43 834
农村居民家庭人均可支配收入（元）		5919	11 422	12 363	13 432	14 617	16 021	17 131
民用汽车拥有量（万辆）		7801.8	16 284.5	18 574.5	20 906.70	23 231.2	26 150	27 341
其中：私人汽车		5938.71	14 099.1	16 330.2	18 515.1	20 574.9	22 635	24 291
人均能耗（kgce）		2429	3135	3153	3219	3306	3471	3527
居民家庭人均生活用电（kW·h）		383	552	610	629	695	732	775
发电量（TW·h）		4227.8	5740.0	6022.8	6495.1	7111.8	7325.3	7623.6
粗钢产量（Mt）		637.2	803.8	807.6	870.7	928.0	996.3	1053.0
水泥产量（Mt）		1881.9	2359.2	2410.3	2330.8	2207.8	2330.4	2376.9
货物出口总额（亿美元）		15 777.5	22 734.7	20 976.3	22 633.7	24 874.0	24 982.5	20 620.4

续表

类　别	2010 年	2015 年	2016 年	2017 年	2018 年	2019 年	2020 年
货物进口总额（亿美元）	13 962.5	16 795.6	15 879.3	18 437.9	21 356.4	20 752.6	25 998.3
人民币兑美元汇率	6.769 5	6.228 4	6.642 3	6.751 8	6.617 41	6.898 5	6.897 6

数据来源：《中国统计年鉴 2021》；国民经济和社会发展统计公报；海关总署；中国电力企业联合会；环境保护部；能源数据分析手册。

注　GDP 按当年价格计算，增长率按可比价格计算。

附表 1-2　　　　　　　　　　能源消费弹性系数

年份	能源消费比上年增长（%）	电力消费比上年增长（%）	国内生产总值比上年增长（%）	能源消费弹性系数	电力消费弹性系数
1990	1.8	6.2	3.9	0.46	1.59
1991	5.1	9.2	9.3	0.55	0.99
1992	5.2	11.5	14.2	0.37	0.81
1993	6.3	11.0	13.9	0.45	0.79
1994	5.8	9.9	13.0	0.45	0.76
1995	6.9	8.2	11.0	0.63	0.75
1996	3.1	7.4	9.9	0.31	0.75
1997	0.5	4.8	9.2	0.05	0.52
1998	0.2	2.8	7.8	0.03	0.36
1999	3.2	6.1	7.7	0.42	0.79
2000	4.5	9.5	8.5	0.53	1.12
2001	5.8	9.3	8.3	0.70	1.12
2002	9.0	11.8	9.1	0.99	1.30
2003	16.2	15.6	10.0	1.62	1.56
2004	16.8	15.4	10.1	1.66	1.52
2005	13.5	13.5	11.4	1.18	1.18
2006	9.6	14.6	12.7	0.76	1.15
2007	8.7	14.4	14.2	0.61	1.01
2008	2.9	5.6	9.7	0.30	0.58
2009	4.8	7.2	9.4	0.51	0.77

年份	能源消费比上年增长（%）	电力消费比上年增长（%）	国内生产总值比上年增长（%）	能源消费弹性系数	电力消费弹性系数
2010	7.3	13.2	10.6	0.69	1.25
2011	7.3	12.1	9.6	0.76	1.26
2012	3.9	5.9	7.9	0.49	0.75
2013	3.7	8.9	7.8	0.47	1.14
2014	2.7	6.7	7.4	0.36	0.91
2015	1.3	0.3	7.0	0.19	0.04
2016	1.7	5.5	6.8	0.25	0.81
2017	3.2	7.7	6.9	0.46	1.12
2018	3.5	8.5	6.7	0.52	1.27
2019	3.3	4.7	6.0	0.55	0.78
2020	2.2	3.1	2.3	0.96	1.35

数据来源：《中国统计年鉴 2021》。

附表 1-3　　　　能 源 消 费 量 及 结 构

年份	能源消费总量（万 tce）	构成（能源消费总量=100）			
		煤炭	石油	天然气	一次电力及其他能源
1978	57 144	70.7	22.7	3.2	3.4
1980	60 275	72.2	20.7	3.1	4.0
1985	76 682	75.8	17.1	2.2	4.9
1990	98 703	76.2	16.6	2.1	5.1
1991	103 783	76.1	17.1	2.0	4.8
1992	109 170	75.7	17.5	1.9	4.9
1993	115 993	74.7	18.2	1.9	5.2
1994	122 737	75.0	17.4	1.9	5.7
1995	131 176	74.6	17.5	1.8	6.1
1996	135 192	73.5	18.7	1.8	6.0

续表

年份	能源消费总量（万 tce）	构成（能源消费总量＝100）			
		煤炭	石油	天然气	一次电力及其他能源
1997	135 909	71.4	20.4	1.8	6.4
1998	136 184	70.9	20.8	1.8	6.5
1999	140 569	70.6	21.5	2.0	5.9
2000	146 964	68.5	22.0	2.2	7.3
2001	155 547	68.0	21.2	2.4	8.4
2002	169 577	68.5	21.0	2.3	8.2
2003	197 083	70.2	20.1	2.3	7.4
2004	230 281	70.2	19.9	2.3	7.6
2005	261 369	72.4	17.8	2.4	7.4
2006	286 467	72.4	17.5	2.7	7.4
2007	311 442	72.5	17.0	3.0	7.5
2008	320 611	71.5	16.7	3.4	8.4
2009	336 126	71.6	16.4	3.5	8.5
2010	360 648	69.2	17.4	4.0	9.4
2011	387 043	70.2	16.8	4.6	8.4
2012	402 138	68.5	17.0	4.8	9.7
2013	416 913	67.4	17.1	5.3	10.2
2014	428 334	65.8	17.3	5.6	11.3
2015	434 113	63.8	18.4	5.8	12.0
2016	441 492	62.2	18.7	6.1	13.0
2017	455 827	60.6	18.9	6.9	13.6
2018	471 925	59.0	18.9	7.6	14.5
2019	487 488	57.7	19.0	8.0	15.3
2020	498 000	56.8	18.9	8.4	15.9

数据来源：《中国统计年鉴 2021》。

附表 1 - 4　　　　　　　　一次能源生产总量及构成

年份	一次能源生产总量（万 tce）	占能源生产总量的比重（%）			
		原煤	原油	天然气	一次电力及其他能源
1990	103 922	74.2	19.0	2.0	4.8
1991	104 844	74.1	19.2	2.0	4.7
1992	107 256	74.3	18.9	2.0	4.8
1993	111 059	74.0	18.7	2.0	5.3
1994	118 729	74.6	17.6	1.9	5.9
1995	129 034	75.3	16.6	1.9	6.2
1996	133 032	75.0	16.9	2.0	6.1
1997	133 460	74.2	17.2	2.1	6.5
1998	129 834	73.3	17.7	2.2	6.8
1999	131 935	73.9	17.3	2.5	6.3
2000	138 570	72.9	16.8	2.6	7.7
2001	147 425	72.6	15.9	2.7	8.8
2002	156 277	73.1	15.3	2.8	8.8
2003	178 299	75.7	13.6	2.6	8.1
2004	206 108	76.7	12.2	2.7	8.4
2005	229 037	77.4	11.3	2.9	8.4
2006	244 763	77.5	10.8	3.2	8.5
2007	264 173	77.8	10.1	3.5	8.6
2008	277 419	76.8	9.8	3.9	9.5
2009	286 092	76.8	9.4	4.0	9.8
2010	312 125	76.2	9.3	4.1	10.4
2011	340 178	77.8	8.5	4.1	9.6
2012	351 041	76.2	8.5	4.1	11.2
2013	358 784	75.4	8.4	4.4	11.8
2014	362 212	73.5	8.3	4.7	13.5
2015	362 193	72.2	8.5	4.8	14.5
2016	345 954	69.8	8.3	5.2	16.7
2017	358 867	69.6	7.6	5.4	17.4

续表

年份	一次能源生产总量（万 tce）	占能源生产总量的比重（%）			
		原煤	原油	天然气	一次电力及其他能源
2018	378 859	69.2	7.2	5.4	18.2
2019	397 317	68.5	6.9	5.6	19.0
2020	408 000	67.6	6.8	6.0	19.6

数据来源：《中国统计年鉴2021》。

附表 1-5　　　　　　　　　　能源加工转换效率

年份	总效率	发电及供热	炼焦	炼油及煤制油
1980	69.5	36.0	88.7	99.0
1981	69.3	36.7	90.9	99.1
1982	69.2	36.8	90.5	99.1
1983	69.9	36.9	91.2	99.2
1984	69.2	37.0	90.1	99.2
1985	68.3	36.9	90.8	99.1
1986	68.3	36.7	90.6	99.0
1987	67.5	36.8	90.5	98.8
1988	66.5	36.3	90.8	98.8
1989	66.5	36.7	90.3	98.6
1990	66.5	37.3	91.3	90.2
1991	65.9	37.6	89.9	98.1
1992	66.0	37.8	92.7	96.8
1993	67.3	39.9	98.1	98.5
1994	65.2	39.4	89.6	97.5
1995	71.1	37.3	92.0	97.7
1996	70.2	36.6	94.1	97.5
1997	69.8	35.9	94.0	97.4
1998	69.3	37.1	95.0	96.4
1999	69.3	37.0	96.1	97.5
2000	69.4	37.8	96.2	97.3
2001	69.7	38.2	96.5	97.6

续表

年份	总效率	发电及供热	炼焦	炼油及煤制油
2002	69.0	38.7	96.6	96.7
2003	69.4	38.5	96.1	96.4
2004	70.6	38.6	97.1	96.5
2005	71.1	39.0	97.1	96.9
2006	70.9	39.1	97.0	96.9
2007	71.2	39.8	97.5	97.2
2008	71.5	40.5	98.5	96.2
2009	72.4	41.2	98.0	96.7
2010	72.5	42.0	96.4	97.0
2011	72.2	42.1	96.3	97.4
2012	72.7	42.8	95.7	97.1
2013	73.0	43.1	95.6	97.7
2014	73.1	43.5	93.7	97.5
2015	73.4	44.2	92.1	96.9
2016	73.5	44.6	92.8	96.4
2017	73.0	45.0	92.8	96.0
2018	72.8	45.5	92.4	95.6
2019	73.3	45.8	92.6	95.3

数据来源：《中国能源统计年鉴 2020》。

附录2 节能减排政策法规

附表 2-1   **2020 年国家出台的节能减排相关政策**

文件名称	文号	发布部门	发布时间
关于加强储能标准化工作的实施方案的通知	国能综通科技〔2020〕3 号	国家能源局	1 月 19 日
关于加快建立绿色生产和消费法规政策体系的意见的通知	发改环资〔2020〕379 号	国家发展和改革委员会司法部	3 月 11 日
关于新能源汽车免征车辆购置税有关政策的公告	财政部　税务总局工业和信息化部公告2020 年第 21 号	财政部税务总局工业和信息化部	4 月 16 日
关于印发绿色建筑创建行动方案的通知	建标〔2020〕65 号	住房和城乡建设部国家发展和改革委员会教育部工业和信息化部中国人民银行国家机关事务管理局中国银行保险监督管理委员会	7 月 15 日
关于加快能源领域新型标准体系建设的指导意见	国能发科技〔2020〕54 号	国家能源局	9 月 29 日
关于政府采购支持绿色建材促进建筑品质提升试点工作的通知	财库〔2020〕31 号	财政部住房和城乡建设部	10 月 13 日
关于促进应对气候变化投融资的指导意见	环气候〔2020〕57 号	生态环境部	10 月 26 日
碳排放权交易管理办法（试行）	生态环境部令第 19 号	生态环境部	12 月 31 日

附表 2 - 2　　　　　**2020 年我国颁布的能效标准、能耗限额标准**

序号	标准号	标 准 名 称
1	DB31/ 621－2020	建筑钢化玻璃单位产品能源消耗限额
2	DB13/T 5321－2020	玻璃纤维单位产品能源消耗限额引导性指标
3	DB13/T 5322－2020	建筑卫生陶瓷单位产品能源消耗限额引导性指标
4	DB13/T 5323－2020	轮胎单位产品能源消耗限额引导性指标
5	DB13/T 5324－2020	用于水泥、砂浆和混凝土中的粒化高炉矿渣粉单位产品能源消耗限额
6	DB4202/T 8－2020	球墨铸铁管 铸管工序单位产品能源消耗限额
7	DB11/T 1119－2020	餐厨垃圾生化处理能源消耗限额
8	DB31/ 624－2020	铝合金一般型材单位产品能源消耗限额
9	GB/T 39115－2020	过程自动化能效评估方法

参 考 文 献

［1］ 国家统计局. 中国统计年鉴2021. 北京：中国统计出版社，2021.

［2］ 中国电力企业联合会. 2020年全国电力工业统计快报.

［3］ 中国电力企业联合会. 中国电力行业年度发展报告2021. 北京：中国建材工业出版社，2021.

［4］ 中国电子信息产业发展研究院. 2019－2020年中国工业和信息化发展系列蓝皮书. 北京：电子工业出版社，2020.

［5］ 戴彦德，白泉，等. 中国2020年工业节能情景研究. 北京：中国经济出版社，2015.

［6］ 清华大学建筑节能研究中心. 中国建筑节能年度发展研究报告2020. 北京：中国建筑工业出版社，2020.